陶瓷板与工程应用

陈帆◎著

中国建筑工业出版社

图书在版编目（CIP）数据

陶瓷板与工程应用/陈帆著. —北京：中国建筑工
业出版社，2015.11
　ISBN 978-7-112-18513-9

　Ⅰ.①陶…　Ⅱ.①陈…　Ⅲ.①建筑陶瓷–研究
Ⅳ.①TQ174.76

　中国版本图书馆CIP数据核字（2015）第227980号

　　本书介绍了陶瓷板的生产工艺与技术装备、陶瓷板产品标准应用规程及参考图集、我国建筑
幕墙标准化的发展、陶瓷薄板幕墙设计与施工、陶瓷板的工程应用及案例以及陶瓷板产业的发展展
望，融产品制造和工程设计与应用于一体，适用于建材、建筑领域从事建筑陶瓷板科研、生产、设
计、施工、工程管理、教学及营销等各类人员阅读和参考。

责任编辑：李东禧　唐　旭
书籍设计：锋尚制版
责任校对：张　颖　陈晶晶

陶瓷板与工程应用
陈帆　著
＊
中国建筑工业出版社出版、发行（北京西郊百万庄）
各地新华书店、建筑书店经销
北京锋尚制版有限公司制版
北京中科印刷有限公司印刷
＊
开本：880×1230毫米　1/16　印张：13½　字数：410千字
2015年10月第一版　2015年10月第一次印刷
定价：**72.00元**
ISBN 978-7-112-18513-9
（27736）

现代工业化生产的大规格尺寸陶瓷板包括瓷质的、炻质的和陶质的，在20世纪下半叶已经开始研究、开发和生产应用了。在有关政府部门、研究设计院、生产企业的大力支持和积极推动下，山东淄博德惠来装饰瓷板有限公司于2005年11月建成国内第一条年产50万m^2湿法工艺炻质板示范生产线并投入试生产，广东佛山广东蒙娜丽莎新型材料集团有限公司于2007年建成投产国内第一条使用干法工艺的瓷质薄板生产线。到2014年，我国自主创新研发的陶瓷板新产品完成了产品国家标准制定，同时参加世界陶瓷板标准、住房和城乡建设部产品应用技术规范、中国建筑标准设计研究院编制的产品应用参考图集等文件的制定，在国内的许多高层建筑用作建筑幕墙，在医院、机场、隧道等许多公共建筑作为新型建筑装饰材料被选用。陶瓷板作为陶瓷行业代表参加新中国成立60周年成果展。我国陶瓷板产业化基本形成并处于世界先进水平。

陶瓷板研发是以节约资源、减轻建筑负荷、丰富建筑外观色彩、新型建筑装饰与复合材料、文化载体、从做传统砖到做材料、自主创新的新工艺新技术新装备、功能材料等为特点而问世的，是作为21世纪世界陶瓷的新发展而问世的，具有光明的应用前景。

为使陶瓷板得到广泛推广使用，需有众多建筑设计师、建筑装饰师、房地产界人士、广大房屋业主、材料专家等的了解，特编著出版《陶瓷板及工程应用》一书，内容包括陶瓷板生产工艺技术与装备、陶瓷板幕墙标准体系及应用、陶瓷薄板幕墙设计与施工、陶瓷板的工程应用案例及陶瓷板产业发展展望等。本书以广东蒙娜丽莎新型材料有限公司生产的瓷质板和山东淄博德惠来装饰瓷板有限公司生产的纤瓷板为例，介绍陶瓷板及工程应用。

本书的编辑出版得到广东蒙娜丽莎新型材料集团有限公司及在其设立的国家认定企业技术中心和广东省无机材料院士工作站、山东淄博德惠来装饰瓷板有限公司、中国陶瓷工业协会陶瓷幕墙与装饰材料分会、中国硅酸盐学会陶瓷分会建筑卫生陶瓷专业委员会以及一批陶瓷板开发应用专家的大力支持，周健儿、李转、薛孔宽、孙鸿斌、李育槿、汪庆刚、张电、闫振华等提供了部分资料或参与编写，在此表示衷心感谢。

从当代世界陶瓷板的开发应用和各国展览会的展品、论坛所得来的信息，陶瓷板是21世纪世界陶瓷业开发的一股新潮流，我对我国陶瓷板的未来充满信心和希望。不当之处仍恐难免，恳请广大读者批评指正。

陈帆

2015年8月

CONTENTS

目 录

前 言

Chapter 01 第一章 绪 论 ……………………………………………… 1

Chapter 02 第二章 **陶瓷板的生产工艺与技术装备** ……………… 5

第一节 国家立项及实施过程 6

一、大规格超薄建筑陶瓷砖产业化技术开发 6

二、陶瓷砖绿色制造关键技术与装备 7

第二节 瓷质板的生产工艺及装备 9

一、瓷质板的研发和产业化 9

二、列入国家"十一五"科技支撑计划 10

三、瓷质板的原料 11

四、生产工艺及技术要求 13

五、主要生产设备及性能参数 20

六、陶瓷板主要产品品种 24

七、知识产权状况 24

八、国家和国际标准规范 25

九、瓷质板的应用 26

第三节 纤瓷板的生产工艺与装备 28

一、列入国家"十五"科技攻关计划 28

二、列入国家"十一五"科技支撑计划   30

三、纤瓷板的生产工艺   33

四、主要生产设备及性能参数   38

五、纤瓷板产品品种及产量   42

六、生产线投资情况   44

七、专利申报、产品标准、工程施工质量验收标准制定   45

八、纤瓷板产品的应用   46

第四节   陶瓷板干法与湿法工艺特点   47

一、干法工艺的特点   47

二、湿法工艺的特点   48

Chapter 03   第三章   **陶瓷板产品标准、应用规程及参考图集** ···················· **51**

第一节   编制《陶瓷板》GB/T 23266—2009   53

一、标准的由来   53

二、标准启动时产品及标准状况   53

三、制定标准解决的技术关键   53

四、标准的制定、发布过程   54

五、标准的创新点   55

六、标准的实施情况   55

第二节   编制《建筑陶瓷薄板技术应用规程》   56

一、编制《建筑陶瓷薄板技术应用规程》（JGJ/T 172—2009）56

二、编制《建筑陶瓷薄板技术应用规程》（JGJ/T 172—2012）58

第三节   建筑陶瓷薄板和轻质陶瓷板工程应用参考图集   60

Chapter 04   第四章   **我国建筑幕墙标准化的发展** ···················· **61**

第一节   我国建筑幕墙标准化的现状   63

一、建筑幕墙标准化的发展历程   63

二、建筑幕墙的标准体系   65

三、在编及即将实施的建筑幕墙标准   68

第二节　人造板和幕墙工程技术规范（JGJ 336—2015）简介　　69

第三节　建筑幕墙新图集介绍　　71

一、建筑幕墙新旧规范及图集对比　　71

二、新版建筑幕墙图集分册13J103–1～7内容简介　　71

Chapter **05**　第五章　**陶瓷薄板幕墙设计与施工** ···························· **75**

第一节　陶瓷薄板幕墙结构设计　　77

一、荷载计算　　77

二、计算模型的选用　　79

三、陶瓷薄板　　84

四、立柱选用　　86

五、横梁选用　　88

六、立柱与建筑物连接　　90

七、立柱壁局部承压能力验算　　90

八、横梁与立柱连接计算　　91

九、伸缩缝接点宽度计算　　91

十、埋件的计算　　92

十一、结构胶选用　　92

十二、托板计算　　94

第二节　陶瓷薄板幕墙的节点设计和节能设计　　95

一、节点设计　　95

二、节能设计　　99

第三节　陶瓷薄板幕墙的加工和安装　　103

一、幕墙加工　　103

二、幕墙安装　　105

Chapter **06**　第六章　**陶瓷板的工程应用与案例** ···························· **109**

第一节　陶瓷板工程应用系统标准和规范　　111

一、薄法施工系统　　111

二、建筑幕墙系统　　112

三、保温一体化系统 113
四、铝蜂窝复合挂装系统 114

第二节　瓷质板的工程应用与案例 116
一、瓷质板的工程应用特点 116
二、瓷质板的工程应用概况 117
三、瓷质板的工程应用案例 125

第三节　纤瓷板工程应用与案例 135
一、纤瓷板工程应用特点及效益 135
二、纤瓷板工程应用概况 136
三、纤瓷板工程应用案例 139

Chapter 07　第七章　陶瓷板产业的发展展望 151

一、促进了传统陶瓷的技术与装备的创新发展 152
二、符合国家产业发展政策 153
三、带动一批新产业的发展 153
四、开拓陶瓷材料应用的新领域 153

主要参考文献 156

附　录 157

Chapter 01

第一章

绪　论

《中国陶瓷史》、《中国陶瓷百年史（2011-2010）》以及其他大量的资料和实物说明，陶瓷的发明是人类把广泛存在于地球的黏土、长石、石英等资源用人力改变天然矿物发生质的变化而制造出来的，是人类发明史上的重要成果之一。分布于全国各地最早的陶瓷基本上是就地取材、就地生产、就地使用，也没有什么分类。随着人类文明进化和科技进步，才逐步有了今天对陶瓷按用途的分类，诸如陈设艺术瓷、日用瓷、建筑卫生陶瓷、工业陶瓷、砖瓦等。到了当代，建筑业在全球兴起，需要大量的建筑装饰材料，而建筑陶瓷生产要耗费大量的资源能源并对环境造成一定的污染，人们开始寻找一种"资源节约型、环境友好型"的生产方式和材料。从做"陶瓷砖"到做"陶瓷板"就是人们一直探讨的一条路子和成功示例。

1993年，在德国慕尼黑举办的陶瓷展览会上展出了3mm厚的大尺寸天蓝色陶瓷薄板。这是我首次看到的利用现代工业化手段生产的陶瓷薄板。当时，把样板拿到手时的感觉，一是薄，二是大，三是轻，四是有挠性。

2001年，在意大利博罗尼亚陶瓷展上意大利System Ceramics公司展出宽1000×长3000×厚3（mm）的陶瓷薄板以及生产该板的成套技术装备。

2000年，山东德惠来装饰瓷板有限公司开始大规格超薄陶瓷板的自主开发研究。2003年3月，项目产品大规格超薄纤维陶瓷装饰板宽1000×长2000×厚3~4（mm）获山东省科技厅主持的成果鉴定。自此，我国有了大规格超薄陶瓷装饰板及成套技术装备，产品是炻质的，工艺技术是湿法的。

2004年10月，大规格超薄建筑陶瓷砖的技术开发得到国家"十五"科技攻关计划支持，国家科技部下文立项，项目名称"大规格超薄建筑陶瓷砖产业化技术开发"（编号：2004BA321B）。项目包括四个课题："大规格超薄建筑砖生产制造工艺技术的研究和开发"（编号：2004BA321B01）、"大规格超薄建筑陶瓷砖装备的研究与制造"（编号：2004BA321B02）、"大规格超薄建筑陶瓷砖中试生产线建设及产品生产技术和产品应用技术标准的研究与制定"（编号：2004BA321B03）、"大规格超薄纤维复合陶瓷装饰板产业化技术的研究"（编号：2004BA321B04）。

2007年4月，大规格超薄建筑陶瓷砖的技术开发继续得到国家"十一五"科技支撑计划支持，国家科学技术部下文立项，课题名称为"陶瓷砖绿色制造关键技术与装备"（编号：2006BAF02A28）。这充分说明：一是国家对陶瓷板研发的重视，对陶瓷板（砖）绿色制造的重视；二是国内一批陶瓷工作者组建一批产学研队伍，对陶瓷板产品与技术装备的开发已经开始了；三是课题的某些成果为后来我国的瓷质薄板的产品开发、装备开发和产业化打下坚实的基础。

2006年6月，笔者从广东科达机电公司的陶瓷板中试线车间取了几块宽600×长800×厚3.5（mm）的试制样品到广东蒙娜丽莎新型材料集团有限公司。以萧华董事长为首的一批高管人员看后都认为其是一件好产品，可以组织研究开发。于是，借用广东科达机电公司的陶瓷板中试线，广东蒙娜丽莎新型材料集团公司停掉了一个生产车间的生产，一批人带着自己生产的粉料，连续生产试制了20多天，试验结果基本良好。在此基础上，两个公司签订了一个合同，由广东科达机电公司提供包括全自动压力成形机、干燥器、施釉线、窑炉、抛光机等在内的成套生产装备，广东蒙娜丽莎新型材料集团公司负责生产工艺技术，花了大约一年的时间，完全依靠自主知识产权建成了我国第一条瓷质板生产线，2007年8月1日成功投产。2008年，中国建筑材料联合会授予此项目科技进步一等奖。

2009年12月，中国轻工联合会、中国建材联合会、广东蒙娜丽莎新型材料集团公司在北京人民大会堂联合举行了新闻发布会，宣布我国自主创新建设起了瓷质陶瓷板生产线并生产出大规格瓷质板产品。同年，在国家举办的新中国成立60周年成果展上，由广东蒙娜丽莎新型材料集团公司生产的陶瓷板代表建筑陶瓷行业参展，这也是建筑陶瓷行业唯一参展的新产品。

利用现代工业化手段生产大规格陶瓷板是世界21世纪建筑陶瓷领域的一个新成果、新产品。要使大规格陶瓷板产品真正走向市场、得到工程应用还缺乏必要的产品标准和相应的工程应用规程及规范性文件。于是，在2007~2012年期间，国家有关部门先后制定并发布了产品标准、应用技术规程及标准使用参考图册。这包括由中华人民共和国国家质量监督检验检疫总局和中国国家标准化管理委员会共同发布的中华人民共和国国家标准《陶瓷板》（GB/T 23266—2009）；由中华人民共和国住房和城乡建设部发布的中华人民共和国行业标准《建筑陶瓷薄板应用技术规程》（JGJ/T 172—2012）；由中国建筑标准设计研究院主编的《建筑陶瓷薄板和轻质陶瓷板工程应用 幕墙、装饰 参考图集》（13CJ43）。

近十几年间，意大利、土耳其、伊朗、印尼等国相继建立了十多条陶瓷板生产线。直到2015年，意大利System Ceramics公司、SACMI公司生产出了宽1600×长4000×厚4（mm）的瓷质大板。

这些年来，陶瓷板在国内外的研究开发和工程应用中取得令人振奋的进展。本书的编辑出版就是为应对这一潮流而做的一件事情，总结过去和现在并着眼于未来。

Chapter 02

陶瓷板的生产工艺
与技术装备

第一节

国家立项及实施过程

一、大规格超薄建筑陶瓷砖产业化技术开发

2001年，在意大利博洛尼亚陶瓷展会期间，意大利System Ceramics公司推出了长3000×宽1000×厚3（mm）的建筑陶瓷薄板，展示了全新的成套生产技术装备。我国的一些高校、科研机构和企业对此高度关注。

2002年初，景德镇陶瓷学院决定申报"陶瓷国家工程中心"。在组建方案中，一是拟订了包括"大规格超薄建筑陶瓷砖技术装备研发"等十项科技攻关项目；二是把与佛山市南庄镇人民政府共同创办的"华夏建筑陶瓷研究开发中心"作为申报组建"陶瓷国家工程中心"的建筑陶瓷产业化实验基地。

2003年初，广东省科技厅向国家科技部提交了"大规格超薄建筑陶瓷砖技术装备研发"项目组织工作方案。

2004年10月，国家科技部批准，设立"十五"科技攻关计划项目"大规格超薄建筑陶瓷砖产业化技术开发"（编号：2004BA321B），由广东省科技厅为组织单位、景德镇陶瓷学院周建儿为总负责人。项目包含四个课题：课题一"大规格超薄建筑砖生产制造工艺技术的研究与开发（编号：2004BA321B01）"；课题二"大规格超薄建筑陶瓷砖装备的研究与制造（编号：2004BA321B02）"，承担单位为广东科达机电公司；课题三"大规格超薄建筑陶瓷砖中试生产线建设及产品生产技术和产品应用技术标准的研究与制定（编号：2004BA321B03）"，由华夏建筑陶瓷研究开发中心代表景德镇陶瓷学院为承担单位；课题四"大规格超薄纤维复合陶瓷装饰板产业化技术的研究（编号：2004BA321B04）"，承担单位为山东淄博德惠来装饰陶瓷有限公司。起止年限为2004年7月至2005年12月。

项目的主要目标为：①研制出生产大规格超薄建筑陶瓷砖的成套工艺技术与装备技术，以及一条中试生产线，产品规格为：3000×1000×3（mm），与生产同样面积的普通砖相比较，节能40%以上，资源消耗减少60%以上。②申请6~8项专利，编制出与国际产品标准接轨的大规格超薄建筑陶瓷砖产品和装备技术以及应用标准。③大规格超薄建筑陶瓷砖成套技术在1或2家企业进行推广，建立产品应用展示厅。

2005年5月，第一阶段攻关工作基本完成。其中，一是进行了超薄砖坯休压后强度和干燥强度添加

剂、坯体化学组成对坯体抗弯强度和中等分子量聚丙烯酸钠制备工艺研究，确定了基础坯体配方及工艺参数。二是新型布料试验线在灵海科技公司建成，按计划进入布料系统及进行阳模模具试验。三是进行了压机结构设计分析，确定了三梁八柱和套筒预应力拉杆结构方案并按计划进入压机设计研制阶段［依据市场开发经验和考虑加快项目成果推广应用因素，项目组采纳了科达机电公司提出的将产品规格调整为1800×800×3（mm）的方案，即压机还可用于800×800（mm）规格产品生产，并得到了国家科技部认可］。四是进行了大规格超薄陶瓷砖烧成曲线及窑炉结构设计分析，确定了小辊径密辊距辊道窑方案并按计划进入设计研制阶段。

2006年4月，大规格超薄建筑陶瓷砖中试生产线在广东科达机电公司的陶瓷试验中心建成并投入使用，进行了五个基础坯体配方中试，经实验比较和调整后，筛选出普白和高白两种基本坯体配方。5月17日第一批大规格超薄建筑陶瓷砖下线，中试产品尺寸为1832×817×3.2（mm）。之后，又进行了金属釉大规格超薄建筑陶瓷砖中试并获得成功。在当月举行的2006年中国国际陶瓷工业展览会期间，向业界展示了大规格超薄建筑陶瓷砖的产品及其成套技术装备。

2005年11月，由山东淄博德惠来装饰陶瓷有限公司完成的课题四"大规格超薄纤维复合陶瓷装饰板产业化技术的研究"，建成了一条年产50万m²的湿法滚压成形薄型陶质"纤瓷板"示范生产线，通过山东省科技厅组织的专家验收。

2006年6～7月间，广东蒙娜丽莎新型材料集团公司的大规格陶瓷板项目组在中试成功的基础上，在广东科达机电公司大规格超薄建筑陶瓷砖中试线上进行了实验性生产并取得成功。为此，当年签订大规格陶瓷板生产线建设交钥匙工程合同，2007年8月1日，我国第一条年产100万m²大规格"瓷质板"生产线在广东蒙娜丽莎新型材料集团公司建成并成功投产。

二、陶瓷砖绿色制造关键技术与装备

国家"十五"科技攻关计划项目"大规格超薄建筑陶瓷砖产业化技术开发"（编号：2004BA321B）成功开发了薄型陶质大尺寸纤瓷板成套技术与装备，建立了生产线。但未开展湿法辊压成形薄型瓷质陶瓷砖系列产品生产、成套技术和装备研究开发，薄型陶瓷砖产品的质量标准体系也没有建立起来。

从2005年起，在国家科技部高新技术产业司的指导下，中国建筑材料集团公司开展"绿色制造技术与装备（建材）"国家"十一五"科技支撑计划项目的申报。其中"陶瓷砖绿色制造关键技术与装备"课题由咸阳陶瓷研究设计院牵头申报。

２００７年４月，国家科学技术部下达了课题"陶瓷砖绿色制造关键技术与装备"（编号：2006BAF02A28）的计划（国科发技字[2007]251号），课题承担单位为咸阳陶瓷研究设计院，负责人为李转，参加单位有中国建筑材料科学研究总院、景德镇陶瓷学院、陕西科技大学、山东淄博德惠来装饰瓷板有限公司、广东蒙娜丽莎陶瓷有限公司。

课题研究任务和主要技术指标：通过对湿法辊压成形坯釉料配方体系、坯体增强增韧、成形、干燥、施釉及烧成等技术的研究，重点开发出湿法和干法生产薄型陶瓷砖成套技术与装备，建立薄型陶瓷砖质量标准体系；实现陶瓷砖原料减量50%、降低能耗45%以上的目标；申请专利技术8项；发表论文

80篇；培养人才50名。

考核指标：建设年产100万m²示范生产线，产品主要性能指标是：产品规格100×100～900×2400（mm）系列化；厚度：内墙砖3mm，外墙砖3～4mm，地板砖4～6mm；吸水率（%）：内墙砖＞10，外墙砖≤3，地板砖≤0.5；断裂模数（Mpa）：内墙砖≥15，外墙砖≥30，地板砖≥35。研究产品和设备标准4～6项，开发检测仪器。形成具有自主知识产权的我国薄型陶瓷砖的生产技术及装备。建设我国3～6mm薄型陶瓷砖研发和示范基地。

2007年6月，课题组在广东蒙娜丽莎陶瓷有限公司召开启动会。成立了课题管理委员会，聘任了以行业知名专家陈帆教授为组长的五人专家小组。课题管理办公室与各课题参加单位签订了总任务、年度任务合同。

2007年6月，课题组向国家标准化管理委员会（后简称国标委）申报《陶瓷板》产品标准，2008年1月批准立项，2009年3月9日发布国家标准《陶瓷板》（GB/T 23266—2009），2009年11月5日起实施。

2007年9月，咸阳陶瓷研究设计院完成实验线的建设工作，选择日本进口350真空挤出机为试验线挤出机，辊压机为五组变频式布带传动辊压机，干燥窑为34m电热、变频网带式干燥窑，开始关键技术的研发工作。

2007年10月，课题向建设部申报《建筑陶瓷薄板应用技术规程》，2009年1月批准立项，2009年3月发布《建筑陶瓷薄板应用技术规程》（JGJ/T 172—2009），2009年7月1日起实施。

2008年5月，中国建筑材料集团公司在广东佛山市对"十一五"国家科技支撑课题"陶瓷砖绿色制造关键技术与装备"组织了中期评估。

山东德惠来瓷板装饰有限公司承担示范线建设任务，在原有陶质陶瓷板生产线上为课题组承担了工业性试验工作，于2008年底开始示范线建设工作，2009年10月完成建设，进入运转考核。

广东蒙娜丽莎陶瓷有限公司在国家"十五"科技攻关项目成果的基础上，建设、完善了一条干法陶瓷板生产线。

课题的主要成果：完成了坯釉料配方体系及其增强增韧的研究，确定了生产配方；完善了湿法辊压成形和干压薄型陶瓷砖生产线成套装备的研究设计并应用于示范线；深化了薄型陶瓷砖生产线技术；建立了薄型陶瓷砖质量标准体系，制定了国家标准《陶瓷板》和行业标准《建筑陶瓷薄板应用技术规程》；形成了陶瓷板生产设备和生产技术的自主知识产权。

课题任务顺利完成并通过国家科技部组织的专家验收。成果先后获得2008年度中国建筑材料科学技术进步一等奖、2010年度陕西省科学技术进步二等奖。

第二节

瓷质板的生产工艺及装备

一、瓷质板的研发和产业化

2006年6月，广东蒙娜丽莎新型材料集团有限公司与华南理工大学、科达机电股份有限公司联合对大规格建筑陶瓷薄板产业化项目进行可行性分析。

2006年8月，三方合作正式研究"大规格建筑陶瓷薄板"项目。9月至11月，在科达机电研发中心进行试验；同年12月，在科达机电中试线上试产成功陶瓷薄板。

2007年6月，国家"十一五"科技支撑计划重大项目"蒙娜丽莎绿色环保节能瓷质板材示范生产基地"启动仪式在广东蒙娜丽莎新型材料集团有限公司举行，推动了建筑陶瓷薄板的发展。

2007年11月，广东蒙娜丽莎新型材料集团有限公司建成了世界上第一条年产100万㎡大规格干压瓷质薄板生产线并顺利投产，生产出我国第一代纯色自然面瓷质薄板——月牙白、高原红、美感白等产品，规格为900×1800（mm）、厚度为3.5mm和5.5mm，具有大、薄、轻、硬、韧等特点，开创了瓷质砖"薄型化"的先河。同年底，在第一代产品的基础上，解决了光点均匀性的难题，生产出第二代纯色半抛光系列产品。

2008年，解决了大规格陶瓷薄板抛光易烂的难题，生产出第一代全抛光产品，被国家科技部、外贸部、税务总局、质检总局、环保总局等五部评选为国家重点新产品；被国家科技部评选为国家火炬计划重点高新技术企业。

2009年初，自主开发出陶瓷薄板专用微粉布料设备，研发出具有突破性的微粉抛光产品夏松石、秋松石、冬松石等，产品获国家科技部、教育部、商务部、工信部、知识产权局、北京市政府颁发的循环经济与节能减排优秀成果奖；入选佛山市人民政府的2009年粤港关键领域重点突破项目（佛山专项）、建设部科技发展促进中心全国建设行业科技成果推广项目；入选"辉煌六十年——中华人民共和国成立六十周年"成就展。

2009年10月，广东蒙娜丽莎新型材料集团有限公司邀请相关专家对项目技术进行论证，得到多方面的认可和支持。同年12月，住房和城乡建设部科技发展促进中心、国家环保总局环境认证中心、中国陶瓷工业协会、中国建筑卫生陶瓷协会与广东蒙娜丽莎新型材料集团有限公司等联合在北京人民大会堂举行"蒙娜丽莎"节能环保产品和中国环境标志产品推介会，宣布我国首块超薄瓷质板材产品面市。

2010年，解决了坯釉匹配性难题，开发出纯色釉面系列、仿墙纸、仿木纹等装饰性更强的产品。

2011年，开发出金线石、银线石、矾·高金等抛釉系列产品。同年，把艺术作品与创新材料产品完美融合，以陶瓷薄板为基材开发出可供室内外装饰使用的艺术薄瓷板，解决了大幅面拼图接缝及耐久性问题。

2012年，引进全球最大的3D喷墨设备，研发生产出卡布奇诺、布雷夏石、斯卡布石等仿大理石薄板系列新品；开发出高耐候性艺术陶瓷板、砂岩面陶瓷板、防静电陶瓷板等新产品。

2013年，利用喷墨技术，推出金钻麻、金彩麻、加里奥金等岗石系列与澳洲砂岩和非洲砂岩等砂岩系列新品。同时，展开厚度为2mm与1mm的陶瓷超薄板的研发工作。

几年来，广东蒙娜丽莎新型材料集团有限公司生产的瓷质系列产品被广泛应用到上海意邦国际建材城、佛山海八路金融隧道、深圳地铁、南海绿电、成都中光电等标志性建筑工程中。

二、列入国家"十一五"科技支撑计划

广东蒙娜丽莎新型材料集团有限公司作为国家"十一五"科技支撑课题"陶瓷砖绿色制造关键技术与装备"的参与单位，承担的主要研究内容包括：参与研究与建立薄型陶瓷砖坯釉料配方体系；参与研究坯体的材料体系和增强增韧机理；参与示范线筹建；参与烧成技术研究及设备开发；建成年产100万m²薄型瓷砖生产示范线。据此制定展开各项相关工作，成效显著。

1. 在坯釉料配方体系研究中，成功实现了吸水率≤0.5%薄型陶瓷砖坯料和釉料配方体系在大规格建筑陶瓷薄板示范线上的应用。坯釉料配方烧成范围宽、坯釉结合性能好；产品各项质量指标达到国家标准的要求和本项目的目标要求：吸水率<0.5%、破坏强度>800N、断裂模数≥45MPa、磨损体积<150mm³、抗冻性试验合格、耐污性5级、内照射指数IRa<0.7、外照射指数Ir<1.2。

2. 申请并获得发明专利《一种超薄瓷质抛光砖及其制作工艺》（专利号ZL200710027150.1），在中国建筑材料联合会刊物《建材行业科技发展报告2008》中发表《大规格超薄瓷质砖技术进展》。

3. 建成年产100万m²薄型瓷砖生产示范线。2007年10月，生产示范线建成投产，产品规格为900×1800×3~6（mm）。运行统计数据表明，其经济和社会效益良好。见表2-1。

传统陶瓷砖与瓷质板材各项指标对比 表2-1

序号	项目	单位	传统陶瓷砖	瓷质板材	对比结果
1	原材料消耗	kg/m²	88.70	22.00	减少量66.70、节约75%
2	耗水（新鲜水）	kg/m²	178.57	65.71	节水量112.86、节约63.2%
3	耗电	kWh/m²	4.63	3.40	节电量1.23、节约26.6%
4	燃料	—	柴油	液化石油气	清洁能源
5	综合能耗	kg标煤/m²	5.10	2.10	减少量3.00、节约58.82%

续表

序号	项目		单位	传统陶瓷砖	瓷质板材	对比结果
6	废弃物排放	废气 SO_2	吨／年	223.68	34.74	减排量188.94
		废气 NO_2		44.06	29.48	减排14.58
		废水	kg/m^2	174.40	64.00	减少量110.40、降低63.3%
		废渣		5.20	0.43	减少量4.77、降低91.7%
7	产品的最终处置[a]		kg/m^2	50	12	减少76%
8	温室气体及酸雨物质减排[b]	C	kg/m^2	3.47	1.42	减排量2.05、降低59.01%
		CO_2		12.75	5.25	减排量7.50、降低58.82%
		SO_2		0.084	0.034	减排量0.050、降低59.52%
		NO_x		0.080	0.032	减排量0.048、降低60%
		烟尘		0.049	0.021	减排量0.028、降低57.14%
9	运输	原材料运进[c]	m^2/t	11.30	45.50	增加量34.20、车辆利用率提高76%
		产品运出	$m^2/$车	1360	5667	增加运输量4307、车辆利用率提高76%

注：a. 以产品单位质量进行对比；b. 仅以综合能耗换算比较；c. 以原料单位质量产品产出量计算

4. 瓷质板材项目符合建筑陶瓷产品结构调整方向，也是企业自身发展需要。因而，项目伊始，研发团队在配方、工艺研究和生产线设计中，充分考虑了制备薄型陶瓷砖的特点，为项目研究提供了实验条件。

（1）为便于薄型陶瓷板的推广，发挥现有技术优势，瓷质板材的配方在普通瓷质砖配方组成上进行改进。配方采用高铝组分，其中$Al_2O_3$21%、$SiO_2$70%、（$CaO+MgO$）约2%、（K_2O+Na_2O）约5%，提高了产品中莫来石晶相的含量，达到了增强增韧的目的。

（2）根据现有工艺设备设施，调整和改进坯料配方及增强剂，使瓷质板材产品满足干压成形；选用连续式辊道干燥器进行坯体干燥（烧成窑炉尾气余热利用），干燥时间≤25min，干燥坯水分<1%。

（3）采用不同的布料工艺和表面处理，使产品具有釉面、微粉、抛光和亚光等效果。

（4）建成了120m长瓷质板材烧成专用辊道窑，以液化石油气为燃料，采用单列进砖方式，窑炉炉膛规格、烧嘴布局、气流方式、辊棒规格、棒间距等均按薄型陶瓷砖烧成特性进行设计，经生产实际检验，符合瓷质板材生产要求。

2007年10月至2008年1月，共生产瓷质板材产品11.4万m^2，产值4500万元；产品涵盖了微粉、釉面、镜面抛光和亚光等各种装饰手法类型；产品性能符合GB/T 4100—2006《陶瓷砖》、HJ/T 297—2006《环境标志产品技术要求 陶瓷砖》和GB 6566—2001《建筑材料放射性核素限量》的要求。

三、瓷质板的原料

1. 坯体的组成及配方

陶瓷板产品一般采用黏土—长石—石英配方体系，提高强度的有效途径是提高二次莫来石生成量，降低游离石英量。研究表明，高岭石类黏土加热至600℃放出结晶水，变为非晶质状态，然后经过尖晶石结构状态结晶为硅酸，约于1000℃开始转化为莫来石。因此，在基础配方中引入较纯的杆状高岭土取代部分黑泥、混合土等塑性黏土，可以提高陶瓷薄板坯体和制品的强度。杆状高岭土取代塑性黏土的用量既要满足既定的烧成温度制度，还要能保持足够的成形性能。

由于薄板坯体的强度低，在生产线上转运过程中极易破损。引入高效增强剂，提高干燥坯体强度，以满足施釉线输送及表面装饰的要求。高效增强剂的增强机理是在高温下使增强剂的高分子长链之间发生相互缠绕和交联作用，将陶瓷颗粒更加紧密地黏合在一起，阻止颗粒在受力条件下产生位移，从而起到增强作用。此外，坯体增强剂还可以提高浆料表面张力，经喷雾干燥后形成的颗粒圆滑、流动性更好。

因此，相对于普通瓷砖而言，陶瓷薄板的原料组成和配方不同之处体现在：一是引入适量杆状高岭土以便原位生成更多的针状莫来石晶相，以提高成品的强度；二是引入较多的高塑性黏土及PVA、聚丙烯酸酯乳液等增强剂，保证生坯有足够的强度，满足后续工序的操作要求；三是选用白度较高的原料，保证在施釉量比较少的情况下达到良好的板面效果。

瓷质陶瓷板坯体使用的原料组成和配方如下。

（1）矿物原料：水洗球土、高岭土、高铝钾砂、钠长石粒、煅烧铝矾土、高温砂、黑滑石等；化工料：坯体增强剂、水玻璃、稀释剂等。

（2）配方的化学成分为：$SiO_2$62.33%、$Al_2O_3$24.28%、$Fe_2O_3$0.75%、$TiO_2$0.4%、CaO0.19%、MgO0.44%、K_2O2.64%、Na_2O2.50%；IL：6.27%。

2. 釉料的组成及配方

瓷质陶瓷板釉料分为面釉和透明釉。

（1）面釉的原料：中温熔块、高岭土、硅酸锆、氧化铝粉、氧化锌等。化学成分为：$SiO_2$60.15%；$Al_2O_3$25.55%；$Fe_2O_3$0.13%；$TiO_2$0.17%；CaO0.26%；MgO0.14%；K_2O4.66%；Na_2O3.05%；$P_2O_5$0.22%；$ZrO_2$1.66%；ZnO4%。

（2）透明釉的原材料：低温熔块、高岭土等。化学成分为：$SiO_2$55.26%；$Al_2O_3$15.03%；$Fe_2O_3$0.22%；$TiO_2$0.22%；CaO12.36%；MgO4.06%；K_2O1.55%；Na_2O0.51%；ZnO3.79%；IL 7.04%。

3. 坯体原料产地及质量要求

（1）水洗球土：产地广东，化学成分（根据实测结果）为：SiO_2：52.19%；Al_2O_3：32.21%；Fe_2O_3：0.93%；TiO_2：0.26%；CaO：0.08%；MgO：0.05%；K_2O：1.75%；Na_2O：0.52%；烧失（IL）11.44%。

（2）高铝钾砂：产地广东河源，化学成分（根据实测结果）：SiO_2：70.45%；Al_2O_3：19.20%；Fe_2O_3：0.77%；TiO_2：0.12%；CaO：0.11%；MgO：0.19%；K_2O：4.25%；Na_2O：0.99%；烧失（IL）4.01%。

（3）钠长石粒：产地湖南，化学成分（根据实测结果）：SiO_2：67.21%；Al_2O_3：17.10%；Fe_2O_3：0.2%；TiO_2：0.2%；CaO：0.3%；MgO：0.14%；K_2O：1.5%；Na_2O：9.0%；烧失（IL）3.94%。

（4）煅烧铝矾土：产地贵州，化学成分（根据实测结果）：SiO_2：21.12%；Al_2O_3：71.67%；Fe_2O_3：1.49%；TiO_2：3.12%；CaO：0.71%；MgO：0.71%；K_2O：0.68%；Na_2O：0%；烧失（IL）0.45%。

（5）高温砂：产地广东湛江，化学成分（根据实测结果）：SiO_2：67.99%；Al_2O_3：21.35%；Fe_2O_3：0.99%；TiO_2：0.20%；CaO：0.36 %；MgO：0.37%；K_2O：2.47%；Na_2O：0.45%；烧失（IL）5.88%。

（6）黑滑石：产地江西，化学成分（根据实测结果）：SiO_2：58.87%；Al_2O_3：2.09%；Fe_2O_3：0.09%；TiO_2：0.07%；CaO：2.05 %；MgO：27.12%；K_2O：0.02%；Na_2O：0.12%；烧失（IL）9.55%。

4. 釉用原料的产地

釉用原料的产地为：中温熔块粉产地为上海、低温熔块粉产地为山东、氧化锌产地为山东淄博、氧化铝产地为山东、高岭土产地为苏州、硅酸锆产地为安徽。

四、生产工艺及技术要求

瓷质陶瓷板干压成形工艺流程见图2-1。

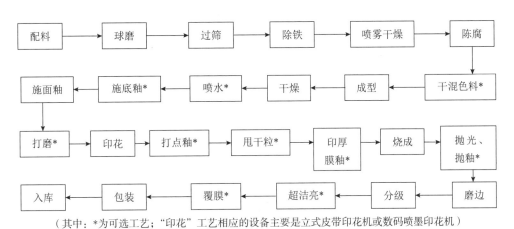

（其中：*为可选工艺；"印花"工艺相应的设备主要是立式皮带印花机或数码喷墨印花机）

图2-1 陶瓷板干压成形生产工艺流程

1. 配料

（1）对各种原材料进行检验（包括水分、化学成分、白度等项目）；

（2）对每种原材料的几个批次进行均化和检验；

（3）原料按所确定的配方进行配料，随后进入下一工序。

2. 球磨、过筛、除铁

（1）经12小时球磨后，检测球磨机内浆料性能。控制浆料流速40~70s、比重1.65~1.70。

（2）浆料后过筛和除铁，准备喷雾干燥。

3. 喷雾干燥、陈腐、干混色料

（1）喷粉前保持喷雾塔干净；

（2）保证粉料的水分和颗粒级配控制；

（3）粉料陈腐24h以上；

（4）需要配色的坯料，采用干混机把粉料和一定比例的色料均匀混合。

4. 成形

（1）压机及布料系统

生产采用MODULO 6800型自动液压机；"魔术师"布料及模具系统是与MODULO 6800型自动液压机一体设计的。相对于普通压机，其优异性体现在如下几方面：

1）采用双活塞设计，使其压制力分布更均匀；加压过程采用先进的数字压力控制模式，实现精密加压，保证成形坯体质量。

2）MODULO 6800型自动液压机独创了三梁八柱纵向进砖方式，从而彻底解决了不均匀的问题。

3）采用6800吨高吨位压力成形，提高了坯体强度以及产品的致密度，能有效防止坯体在干燥、烧成时的变形。

4）使用全新的布料工艺，以胶垫承载的方式取代普通压机采用的脱模推坯方式，解决了大面积薄坯体易于破损的问题。

5）以坯垫代替格栅作为粉料载体，利用坯垫输送系统的定位功能可以确保布料和落料的准确性以及砖面效果的稳定性。

6）可在大范围调节料的厚度，既可以成形3~5mm的陶瓷薄板，也可以成形20mm的超厚产品。

7）在成形过程中，可以采用微粉二次布料、多管布料等多种布料方式。

（2）成形过程

1）将陈腐好的粉料送到压机斗。

2）压机的压力控制在58000~61000kN范围；压制尺寸为（长×宽×厚）2075×1070×6.0（mm）；压制频率控制在0.8~1.5次/min。

3）从布料到压制成形过程中，以胶垫承载的方式代替普通压机采用的脱模推坯方式，并采用齿轮传动方式带动胶垫以实现砖坯运输。

4）压制成形后，对砖坯四边进行刮边，随后对砖面进行吹扫清理。

（3）压制成形主要缺陷及解决方法

1）分层。陶瓷板砖坯规格大，相对于普通砖而言排气过程更困难，易造成局部坯料的分层。这种分层主要集中在陶瓷板四边。解决办法是，控制粉料颗粒级配和水分在一定的范围内、调整压机排气时间和砖面成形压力分布。

2）砖渣。砖坯在压制成形后由于上模框的原因四周会产生砖屑，坯体在输送到后续的施釉线及烧成窑前段的过程中，砖屑会发生脱落，并随气流反弹落于到砖面上，最终形成砖渣缺陷。解决办法：在压机段，尽量用铜片把砖边碎屑刮掉，用毛刷将坯体表面清扫干净，并用釉线上所安装风管把残余的砖渣吹扫干净。

3）烂砖。在压制过程中，如果压机的压力不够，或砖面成形压力分布不均匀会引起局部密度低，生坯强度不够就会造成烂砖。解决办法：调整压机成形压力及压力分布。

4）变形。压机成形工艺控制不当会引起陶瓷板变形，主要因素为布料均匀性和压机压力分布均匀性，导致烧成后的产品厚度不均和变形。解决办法：调整布料器、压机成形压力及压力分布。

5. 干燥

（1）瓷质陶瓷板干燥过程及特点

1）陶瓷板素坯由输送小车送入干燥窑。

2）干燥窑使用烧成窑的余热。

3）干燥窑全长65m以上、窑口截面积为3100×400（mm）。

4）坯体干燥温度120～170℃，干燥周期15～30min。

5）坯体最终含水率控制在0.3%～0.5%范围内，干坯强度控制在1.8MPa以上，坯体不变形、不开裂。

6）及时清理干燥窑，避免杂质落到砖坯。

（2）干燥主要缺陷及其解决方法

1）落脏。干燥窑采用烧成窑的尾气余热进行干燥，尾气内大量的SO_2或SO_3等含硫化合物遇到水汽会形成H_2SO_4或H_2SO_3，这些酸会腐蚀窑内的金属部件。这些铁锈长期堆积后会脱落并粘到砖面上而最终形成落脏。解决方法：定期吹刷清理干燥窑窑顶等部位，以避免铁锈大量堆积，尽量使用急冷段热气等干净的窑炉烟气进行干燥，避免水冷凝聚物的液滴落到砖面上形成落脏。

2）针孔。喷釉时干燥砖坯的温度太高，釉浆未完全流平而造成针孔；釉料烧成范围太窄也容易起针孔。解决办法：严格控制喷面釉前砖坯的温度，一般控制在60～70℃比较合适；调整釉料成分，控制其烧成温度范围。

3）滴水。采用集中抽湿方式会使干燥窑内发生局部湿度过高的现象而致过饱和冷凝滴水的形成，应特别引起注意。

6. 喷水、施底釉和面釉、打磨

（1）喷水。干燥后的砖坯温度一般控制在65～75℃，为了避免施釉后釉面干得太快引起釉面不平或者针孔。在施釉前需要向砖坯喷适量水。喷水前需要用毛刷把表面的粉尘刷掉，然后用气管把表面的灰尘吹掉。喷水量一般控制在90～125g/m²，喷水与施釉两工序之间的距离控制在2m之内。

（2）施底釉。施底釉的主要目的是提高面釉白度和调节砖形。大部分瓷质陶瓷板坯体白度都在40度以上，坯体的膨胀系数可以调节。由于坯体较薄，如果釉料的水分太多，则会降低生坯强度易发生烂砖。为此，一般情况下，板坯可以不施底釉；如果要施底釉，则釉浆的比重控制在1.35～1.40范围内，用量控制在250～330g/m²范围内比较合适。

（3）施面釉。施面釉的要求：比重在1.38～1.42内，施釉量在370～420g/m²内。釉面的两边和中间相差不超过40g/m²。釉面平整，无油污污染。回收的釉浆需过筛，搅拌缸内的釉浆需除铁，确保浆料不被污染。

（4）打磨。施釉后的砖面上可能存在小凸起，需要对其打磨。打磨一般人工操作，并且使用的研磨块也是施釉后的生坯，确保釉面不被划伤、污染。

（5）施釉的主要缺陷及其解决方法

1）变形。中心上凸是由于坯体的热膨胀系数远大于面釉、透明釉的热膨胀系数引起的。解决方法：调大面釉、透明釉的热膨胀系数或者调小坯体的热膨胀系数。在生产实际中，要调整面釉、透明釉的热膨胀系数比较困难。目前，陶瓷板主要采用调低坯体的热膨胀系数来解决这个问题。

中心下凹是由于面釉、透明釉的热膨胀系数比坯体的热膨胀系数大引起的。解决方法：调大坯体的热膨胀系数或调小釉料的热膨胀系数。前者主要是降低坯体配方中Al_2O_3含量，提高SiO_2含量；后者可以通过在面釉、透明釉中添加熔块、Al_2O_3、$ZrSiO_4$等材料。

2）缩釉。当砖面上有油性物或者釉受到污染，施釉后会产生收缩，烧后会形成缩釉。解决办法：利用洗洁精泡沫清理釉缸表面油污，严重时需更换釉料。

3）针孔。由于陶瓷板专用喷釉柜比普通的喷釉柜大，内部喷枪的配置方位对釉的均匀性的影响更显著。喷枪的配置方位不合理，会导致喷釉不均匀而产生针孔。解决办法：喷枪的配置方位必须要合理，保证两边和中间都要均匀。经常检查喷枪喷釉情况，查看喷釉后效果，一般针孔都可以被发现，出现针孔及时调整喷枪位置或调节釉料性能。

7. 印花

（1）目前，瓷质陶瓷板印花分为立式胶辊印花、辊筒印花、喷墨打印三种方式。

1）立式胶辊印花。立式胶辊印花的图案周长为2.4m，相对于普通胶辊印花，图案变化更多，颜色更丰富，使用的花釉的流速控制在18～22s内。在印花过程中，需经常检测花釉流速，如果流速高于22s，则需要加入一定量的色水（花釉对应的色料和辊筒印油按比例配制）以调节花釉流速，确保版面颜色的稳定性。

2）辊筒印花。采用周长1.44m、宽1.323m的辊筒印花。由于陶瓷板的施釉采用了喷釉工艺，所形成的釉面的平整度稍差。在这种情况下，如果采用普通胶辊印花，则会产生显著的水波纹，导致没有印到图案的地方易形成白点，大大影响图案清晰度。为更好地体现设计图案效果，最好使用超软胶辊印花。使用的花釉流速在18～22s内。

3）喷墨打印。喷墨打印技术是一种无接触的印刷技术，具有可变数据印刷、个性化印刷、按需印刷的能力。其工作原理是计算机存储的设计图案被转化为数据信号，在打印机控制系统的控制下，无数据信号的喷头不工作，有数据信号的喷头将墨水喷印到砖坯表面对应的位置，最终形成所设计的图案。

（2）喷墨打印的特点

一是图案变化性强，更接近于石材的效果和风格。胶辊印花使用首尾相连的图案制作成圆周形的辊筒，随机的在圆周的任一起点开始印花，可以实现不同瓷砖间的图案变化，但变化范围有限。传统的陶瓷印花工艺类似复印机，其图案、纹理比较接近，跨度不大，效果比较呆板。喷墨打印使用电子图稿，目前可打印尺寸最大可达到瓷砖尺寸的数十倍甚至数百倍，在这一尺寸的范围内随机取材打印，基本实现无重复印花，实现了从复印机到打印机的效果转变，而且图案容量更大、变化更多，不容易被仿冒。二是细节表现逼真，层次丰富，立体感强。使用360dpi的精度以及多达8级可选性动态灰度进行打印，使产品效果在纹理细节和色彩表现上更加丰富自然。三是绿色环保。喷墨打印省去了传统丝网印花和辊筒印花所需的制版设备、胶片以及印版等耗材。喷墨墨水由专业制造商提供成品，为陶瓷板生产省去了印花釉制作的工序。墨水利用率高，达到99%以上，减少了废釉废水的排放。此外，传统的印花方式在转产不同花色时，均要更换花网或辊筒以及印花釉，造成窑炉，费时费力。而喷墨打印只需通过简单的电脑操作即可完成转产，能够灵活处理各种不同批量和品种的订单，更加适合陶瓷装饰时装化、个性化、多样化的发展趋势。

然而，目前受到行业内陶瓷喷墨打印机和喷墨墨水的发展水平的局限，部分颜色如深红、鲜红、纯黑等都无法实现。为了丰富产品的多样化，可采用喷墨打印与辊筒印花、立式胶辊印花相结合的方式。此外，还可以在辊筒上雕刻具有凹凸效果的图案，与喷墨打印相结合，形成具有一定特殊手感的瓷质陶瓷板。

（3）印花的主要缺陷及其解决方法

1）喷墨缩釉。因为喷墨印花所使用的墨水显油性，所以当墨水未干时喷釉很容易造成缩釉现象。解决方法：喷墨机后面加一小段干燥窑以提高砖坯温度，促使墨水全干。同时，还需在砖面上印隔离釉以减轻墨水的憎水现象。目前国外推出最新的水性墨水可以从根本上解决喷墨缩釉问题。

2）阴阳色。阴阳色是陶瓷板比较容易产生的缺陷，这是因为薄板的宽度达1000mm以上，如果采用喷墨机，则需要5组喷头，每组需要17个喷头，如果采用对立式印花机，砖面太大。在这种情况下，很难将色平衡调节到完全协调一致，因而产生阴阳色。解决办法：生产过程中提前对版，即以新版的产品作为样品与标准版进行比较，根据版面色差的情况对喷墨、印花设备进行适当地调整。

8. 釉线

干压陶瓷板的生坯尺寸达到1050mm×2060mm×（3.5~6.5）mm，对釉线上坯体的传输、转运过程提出了很高的要求。

（1）干燥窑入口、出口、窑炉入口全部采用平台小车转运。

（2）釉线采用平台皮带送砖以降低破损率。

（3）喷釉处采用三角皮带输送以防止釉料粘到坯底。

（4）采用特殊软辊对砖底上浆以保证均匀性。

（5）为了提高砖坯在釉线上的强度，生坯在喷墨后需进入电窑进行干燥，干燥窑的温度在200~250℃范围内，输送砖坯的速度控制在14m/min。

9. 烧成

（1）陶瓷板烧成窑炉特点

针对陶瓷板的烧成特点，需对烧成窑炉进行特有的设计：对窑炉各段耐火和保温砌体的厚度、材料的组配进行优化；减少材料接缝，执行严格的砌筑要求，提高砌体严密性。经过大量的实验研究，设计出的陶瓷板烧成窑炉采用了一种特殊的超级保温材料、更合理的结构设计和更严格的施工，其保温性能大幅提高。

为保持烧成窑与干燥窑生产状态的相对稳定，配置必要的调节手段：一是在由烧成窑引往干燥窑的所有管路中安装管径较小的放散管，其作用是当生产过程中某些工艺参数发生波动时，可以排出管路内多余的烟气和热风，从而起到稳定窑压的作用。二是对于地处北方的用户，仍需配备一定功率的热风炉，作为冬季生产中干燥窑的补充热源，以免干燥窑抽取过多热风而影响烧成窑的正常运行。三是通过对窑炉温度、压力采集点的优化，以及对检测、控制仪表的选型优化，提高烧成窑温度和窑压的自动控制的能力、精度和可靠性，避免温度和窑压波动过大导致烧成和干燥相互影响。此外，引入了计算机管理系统，使控制过程及数据采集更方便、更直观，整体自控水平得到提高。

另一方面，由于陶瓷板产品面积大、厚度薄、容易引起烧成变形等缺陷，其窑炉设计方面与普通窑炉还有如下不同点：

1）干燥窑炉和烧成窑炉均采用直径d≤30mm的辊棒，且要减小辊棒间距。

2）采用蓄热式烧嘴、窑炉整体结构的设计，保证实现较佳的燃烧特性和热量分布控制。

3）采用纳米保温材料，降低能耗，提高热效率。

烧成窑炉的具体参数如下：窑全长165m，窑口截面积为2300×400（mm）；以天然气或水煤气为热源，采用计算机控制；最高烧成温度1250℃。

（2）窑炉烧成的主要缺陷及其解决方法

1）翘曲变形。变形包括中心下凹、中心上凸，以及空窑引起的翘曲变形。

中心下凹变形的特点是四边上翘。由于烧成后期辊道截面上下温差过大所致，其多发生在烧成的最后2~5min。另一种造成变形的可能原因是预热带的辊棒上下温差过大。解决方法：如果翘曲变形不太大，可以通过调节急冷段上下风管的开度校正变形，即打开面风管或者关闭底风管；如果变形较大，通过调节风管难以校正时，则需根据变形程度，将高温带的底温降低或者将面温升高；对于预热带内所产生的变形，可以通过降低中温区（700~1100℃温度区域）底温和升高面温进行校正，提高面温的幅度视校正效果而定，通常为5~10℃或更大。

中心上凸变形的特点是陶瓷板长边的中间向上凸起，其多发生在高温带和预热带，是由于烧成后期窑炉截面上下温差和辊棒上下温差过大所致。解决方法：如果上凸变形不大，可以通过调整急冷段上下风管开度校正变形，即关闭面风管或者打开底风管；如果向上凸变形过大，可以通过调整高温带温度来解决，即根据变形程度，升高底温或者降低面温；对于预热带内所产生的变形，可以通过升高中温区（700~1100℃温度区域）底温和降低面温进行校正，降低面温的幅度视校正效果而定，通常为5~10℃或更大。

空窑引起的翘曲变形的主要特征是陶瓷板上翘，是空窑以后窑炉温度和气氛发生变化引起的。解决办法：加入带温砖，并适当升高面温和降低底温。

2）扭曲变形。这种缺陷的特点是陶瓷板长边产生波浪形，其成因主要有：一是由于烧成温度过高，砖坯过烧产生了辊棒痕，即长边扭曲，解决办法为降低烧成温度。二是同排砖行走不整齐而引起的局部下弯、上翘，解决方法为调整砖在窑炉的行走轨迹，避免砖前后碰撞挤压。三是辊棒变形或者不在同一水平引起坯体不规则变形，解决办法为定期检查、维修更换辊棒。

3）放后变形。即陶瓷板产品存放一段时间后产生变形。其主要因为是在烧成过程中，由于窑炉的烧成温度不够等问题造成产品未达到一致的完全烧结，坯体内形成了显著的残余应力场。这些应力在随后的仓储期逐渐释放，最终对砖形产生了显著影响。放后变形严重的时候会导致产品的超标降级。解决方法：检测吸水率和半成品尺寸变化，观察坯的烧结程度，及时调整窑炉的烧成制度。

4）烂砖。由于陶瓷板规格大、厚度薄，在生产过程中极易发生烂砖。一是坯体强度不够导致裂砖。陶瓷板对坯体的强度要求很高，目前陶瓷板釉面砖的坯体强度要求达到1.8MPa以上。解决方法：坯体配方中需加入特殊增强剂，加大黏土的用量。二是窑炉辊棒、釉线上各设备高低不平或者压机压力过大等原因产生有规律性的定位裂。解决办法：经常检查保养设备；分析烂砖的原因，进行相应的调整和维修。

5）坯体面裂。烧成后陶瓷板表面存在开裂，其成因一是窑炉辊棒存在棒钉，皮带轴承里带入杂物或者坯体底面所粘附了杂物把坯体顶裂。解决方法：查看坯体底面是否有杂物，排查杂物来源。二是干燥窑的高温高湿段的排湿速度过快，造成坯体中间与周边的收缩不均匀所引起的面裂。解决方法：降低高温高湿段的排湿速度，缩小坯体传热造成的收缩不均。三是压机布料不均或压力分布不均造成的面裂。解决办法：调整压机布料和压力分布。

6）风裂。陶瓷板在烧成后的冷却过程中，坯体中的残留石英及方石英会由高温晶型向低温晶型转化。如果冷却速度过快，晶型发生快速转化，其引起的体积变化过快，坯体内形成的应力得不到充分的弛豫，则陶瓷板就会因为其内部巨大应力而发生微裂和炸砖。这种现象在生产中被称为风裂，其特征是具有锋利的断口。产生温度为573℃以及180～270℃，相应的体积变化为0.8%和2.8%。解决方法：控制好573℃附近和180～270℃的降温速度。

7）炸坯。在坯体内部水分含量不均匀或显著大于表面水分的情况下，当烧成的升温速度过快时，坯体内部的水分急剧向外扩散，其受到已发生干燥收缩的坯体表面的束缚而在坯体内形成应力，从而产生裂纹、开口甚至炸坯。解决办法：入窑时坯体水分控制在2%以内，窑前温度控制在200℃，尽量延长坯体处于低温段的时间以便彻底干燥。

8）落脏。窑炉前段顶部铁锈落到砖面上或水煤气里的煤焦油被吹落到砖面上形成落脏。解决方法：定期清理窑炉前段铁锈以及砖面上方水煤气喷枪里的煤焦油。

9）针孔。当烧成曲线不合理时，在窑炉中前温段内坯体氧化不充分，则在随后釉料熔融的过程中容易出现针孔。解决方法：根据针孔情况延长氧化带，适当降低中温段的温度，合理调控烧成曲线。

10）阴阳色。窑炉存在较大温差会导致产品出现阴阳色。解决方法：即时监测窑炉截面的左、中、右三部分温差并将其控制在8℃以内。

10. 抛光

大规格陶瓷板存在缩腰和尺寸偏差等问题，普通抛光方式将对大规格陶瓷板造成显著的破损。普通抛光砖采用刚性磨具进行抛光，刚性磨具其由基体和固结其内的硬质研磨材料组成，它们被安装在抛光机上对抛光砖进行抛光。由于陶瓷板的破坏强度低，普通磨头震动较大，容易把板震裂，并且切削量相对固定，不能自动适应陶瓷薄板厚度的变化和表面的起伏，引起漏抛、抛光质量差等问题，影响产品的装饰效果。因此，在陶瓷板抛光线中采用了弹性磨具，可以有效地防止砖坯在抛光过程中因受力不均引起变形、震动或滑移，有效地解决大规格陶瓷板抛光过程中出现的破损、漏抛、抛光质量差等问题。

陶瓷板抛光线的主要特点：

（1）针对产品尺寸偏差较大的特点，采用先切边后磨边的加工方式，并设计出切边磨边一体化设备。

（2）使用陶瓷板抛光专用磨具，有效降低产品的抛光破损。

（3）针对抛光时砖面受压应力分布不均匀易造成砖体偏移、破损等问题，在每个抛光磨头之间设置有胶辊以固定辊压砖面。

五、主要生产设备及性能参数

瓷质板产品生产线主要设备见表2-2。

生产线主要设备表　　　　　　　　　　　　　　表2-2

序号	设备名称	规格型号	数量	备注
	（一）原料制备系统			
1	球磨机	20T	6台	
2	储料粉箱	40T	16座	
3	自动喂料机	40T	1座	
4	圆滚筛	直径1m	10套	
5	泥浆自动除铁机	1000	1台	
6	泥浆储存缸	60T	3个	
7	泥浆中砖缸	150T	2个	
8	喷雾塔	350T	1个	
	（二）成形系统			
9	压机	6800T	2套	
10	平台小车		4个	
	（三）干燥系统			
11	干燥窑	65m		
12	出窑小车		1个	
	（四）喷釉系统			
13	喷釉柜		4个	
14	水刀机		4个	
15	搅拌缸		8个	
16	打点机		1个	
17	施釉输送线	20m	2条	
	（五）印花系统			
18	辊筒印花机		1套	
19	立式胶辊印花机		1套	

续表

序号	设备名称	规格型号	数量	备注
20	喷墨印花机		1 套	
	（六）烧成系统			
21	烧成窑	165m	1 条	
	（七）抛光系统			
22	前磨边机		1 套	
23	抛光机	1.2m×8m	3 台	
24	后磨边机		1 套	
	（八）釉料制备系统			
25	釉料球磨机	2T	2 台	
26	釉料球磨机	1T	1 台	
27	釉料球磨机	0.5T	1 台	
28	快速搅拌机	100kg	2 台	
29	除铁机		1 台	
30	釉浆过筛机	100 目、0.75kW	2 台	
31	釉浆储存缸	6T 装	4 台	

下面主要介绍瓷质陶瓷板专用的部分设备，通用设备与普通陶瓷砖的相同。

1. 成形、布料装备

（1）压机 MODULO6800陶瓷砖自动液压压砖机，见图2-2。主要特点：采用新型多缸结构，减小主缸直径，实现大面积上均匀的压力分布；加压过程采用数字压力控制模式，实现精密加压，保证成形质量；坯体和产品的强度和致密度高；采用适用于大规格超薄陶瓷板成形的脱模、出坯装置。

图 2-2 MODULO6800 陶瓷砖自动液压压砖机

图2-3 辊筒印花机

图2-4 TECNO ITALIA 七头立式硅胶皮带印花机

图2-5 数码喷墨打印机

（2）布料装备。"魔术师"墙地砖布料及模具系统，与图2-2压机一体化的"魔术师"墙地砖布料及模具系统的特点和参数：

1）以坯垫取代格栅作为粉料载体，利用坯垫输送系统的定位功能以确保布料落料的准确性及砖面效果的稳定性。

2）适用于常规工艺生产的粉料，可任意调节布料厚度，在模具中实现对产品的压制成形；可生产900mm×2000mm×（3~5）mm的陶瓷薄板，也可以生产20mm厚度的加厚产品。

2. 装饰设备

（1）辊筒印花机，如图2-3所示，为国内先进的辊筒印花机，辊筒尺寸为1440mm（周长）×1200mm（宽），可结合喷墨印花，在陶瓷板装饰出更加丰富的图案。

（2）立式胶辊印花机。意大利TECNO ITALIA生产的七头立式硅胶皮带印花机，硅胶皮带材质硬度大，雕刻方式独特，印花时与坯体接触面积小，印花效果比之普通胶辊印花机更自然、逼真，更能体现出图案的细节与纹理。此外，该设备最多可以设定7条印花皮带随意组合跳印。硅胶皮带尺寸：2400mm（周长）×1200mm（宽）（图2-4）。

（3）喷墨印花机。SYSTEM公司生产的数码喷墨打印设备，最大可实现1.1m×10m的图案打印，并且连续100m²产品图案不重复。在陶瓷板的图案装饰上，纹理效果更加自然、细腻。只需通过简单的电脑操作即可完成转产（图2-5）。

3. 施釉线设备

（1）坯体移动小车。陶瓷板坯体面积大、厚度薄，在线输送中的转弯或者转线极为不便，为此开发出专用的移动小车用来转运坯体（图2-6）。

（2）釉线皮带。陶瓷板坯体面积大、厚度薄，在施釉线上易造成面裂或边裂，除了喷釉处外，整条施釉线均采用大皮带以确保平整（图2-7）。

图 2-6　坯体移动小车

图 2-7　施釉线大皮带

图 2-8　瓷质板干燥窑

图 2-9　印花后电窑

图 2-10　陶瓷板烧成窑

4. 干燥和烧成设备

（1）干燥窑。陶瓷板坯体厚度薄，采用烧成窑余热，实现快速干燥（图2-8）。

（2）印花后电窑。印花后电窑以自身的发热管加热、辅助以烧成窑的余热，设定温度在280℃，确保烘干砖面墨水（图2-9）。

（3）烧成窑。陶瓷板坯体厚度薄，氧化排气相对容易，可以实现快速烧成（图2-10）。

六、陶瓷板主要产品品种

广东蒙娜丽莎新型材料集团有限公司建设的陶瓷板已形成年产220万m²的产业规模，产品种类包括建筑内墙装饰陶瓷板、建筑外墙装饰陶瓷板、地面装饰陶瓷板、瓷板画用陶瓷板等。同时，已形成自然面、抛光、微粉布料、仿砂岩布料、仿古印花、雕刻、瓷艺、拼花等多种装饰效果。产品规格900mm×1800mm×（3~6）mm，单片重量6~12kg。产品具有高强度、耐高温、耐腐蚀、不透水、防污、易清洗、抗菌、防火、阻燃等特性，放射性达到国家A级标准。部分产品的外观如图2-11所示。

图 2-11　陶瓷板（规格：900mm×1800mm×5.5mm）部分产品图片

七、知识产权状况

围绕瓷质板的开发与生产，广东蒙娜丽莎新型材料集团有限公司先后申报专利98项，其中发明专利18项、实用新型10项、外观设计专利70项，获得授权发明专利13项、实用新型10项、外观设计专利70项。主要专利见表2-3。

广东蒙娜丽莎新型材料集团有限公司陶瓷板主要专利　　　　表 2-3

序号	专利名称	类别	专利号
1	一种超薄瓷质抛光砖及其制作工艺	发明专利	ZL200710027150.1
2	一种瓷质抛光砖及其制作工艺	发明专利	ZL200710027149.9
3	一种釉彩凹凸纹理装饰瓷质砖制备工艺	发明专利	ZL200810220414.X
4	一种渗花釉胶辊印花工艺方法	发明专利	ZL200810220440.2
5	一种仿天然孔洞火山岩的抛光砖制备方法	发明专利	ZL200810220441.7
6	半透光性陶瓷材料、陶瓷薄板及其制备方法	发明专利	ZL201010122770.5
7	半透明陶瓷材料、仿玉质陶瓷薄板及其制备方法	发明专利	ZL201010122751.2
8	一种陶瓷板画的制作方法	发明专利	ZL201010122742.3
9	炻质薄板及其制备方法	发明专利	ZL201010122755.0
10	一种陶瓷喷墨墨水组合物及陶瓷釉面砖	发明专利	Zl201210293216.2
11	一种凹凸面陶瓷产品及其制备方法	发明专利	ZL201210293219.6

序号	专利名称	类别	专利号
12	低温快烧轻质陶瓷保温板及其制备方法	发明专利	ZL201310123877.5
13	复合型陶瓷薄板及其制备方法	发明专利	ZL201010122754.6
14	一种超大规格陶瓷板材砖的包装箱	实用新型专利	ZL200820206101.4
15	一种大规格瓷质薄板砖的抛光压紧装置	实用新型专利	ZL200920057751.1
16	瓷质板材砖的成形装置	实用新型专利	ZL200920218914.X
17	瓷质板材砖抛光辊压装置	实用新型专利	ZL200920274173.7
18	建筑陶瓷薄板保温装饰一体化结构	实用新型专利	ZL201320666478.9
19	轻质陶瓷薄板幕墙干挂结构	实用新型专利	Zl201320666430.8
20	建筑陶瓷薄板幕墙干挂结构	实用新型专利	ZL201320661727.5
21	建筑陶瓷薄板挂贴结构	实用新型专利	ZL201320661407.X
22	建筑陶瓷薄板铝蜂窝复合挂装系统	实用新型专利	ZL201320666457.7
23	建筑陶瓷薄板蜂窝地面系统	实用新型专利	ZL201320756012.8

八、国家和国际标准规范

广东蒙娜丽莎新型材料集团有限公司先后主持、参与26项国际、国家、行业标准的编制、起草、修订工作。

1. 参加陶瓷板国家标准和技术规范的制定

广东蒙娜丽莎新型材料集团有限公司主要参与起草的标准有：《建筑卫生陶瓷单位产品能源消耗限额标准》（GB 21252—2007）、《陶瓷板》（GB/T 23266—2009）、《建筑陶瓷薄板应用技术规程》（JGJ/T 172—2009）、《建筑陶瓷薄板应用技术规程》（JGJ/T 172—2012）等。

2. 参加陶瓷板国际标准的制定

广东蒙娜丽莎新型材料集团有限公司代表中国标委会参与ISO/TC189陶瓷砖标准委员会，牵头起草陶瓷薄板（砖）国际标准

2009年9月，国际标准化组织ISO/TC189向广东蒙娜丽莎新型材料集团有限公司发出邀请，邀请其代表中国企业共同参与陶瓷板世界标准的制定工作。

2010年8月30日～9月3日，公司董事张旗康作为中国建陶企业代表，应国际标委会邀请参加在墨西哥举行的ISO/TC189会议，讨论薄瓷板国际标准起草相关事宜。张旗康为WG4工作组专家。

2010年11月，应意大利标委会邀请，张旗康作为中国建陶企业代表，参加萨索罗WG4薄瓷板（砖）标准草案讨论，为薄瓷板（砖）国际标准的制定奠定了基础。

2011年10月，张旗康作为中国建陶企业代表应邀参加在伦敦举行的ISO/TC189年会，我国正式成为国际标准起草单位参与讨论《陶瓷板》国际标准。

2012年11月，张旗康作为中国建陶企业代表出席在日本名古屋举行的ISO/TC189会议，正式讨论薄瓷板（砖）国际标准草案。

2013年5月，张旗康作为中国建陶企业代表出席在美国南卡罗纳州召开的《陶瓷板》国际标准讨论会。

2013年6月，张旗康与我国SAC/TC249标委会代表参加在土耳其伊斯坦布尔举行的WG4工作组陶瓷板（砖）标准草案讨论。

至此，我国代表连续4年6次参加世界陶瓷板（砖）标准的制定，这是我国建陶行业代表坐在世界标准制定的会议桌前，为我国陶瓷产业在国际市场争得了话语权。

更为可喜的是，继参与陶瓷板（砖）国际标准的制定外，经过积极争取，我国企业有望成为世界陶瓷外墙砖、轻质板（砖）标准工作组的召集人，这可能实现中国建陶在ISO/TC189历史上的突破，我国建陶业将在国际市场赢得真正的地位和更大的话语权。

国际标准的制定是一个持续性的过程，从提案到草案到讨论及最后通过，一般需要5年左右才能通过审议，任何国家反对都将无法获得通过。如果不参加ISO/TC189会议，将无中国声音，更谈不上国际话语权。自从广东蒙娜丽莎新型材料集团有限公司代表中国SAC/TC249标委会参加后，中国声音越来越得到国际同行以及ISO/TC189主席和秘书长的认可，并希望能持续不断派代表参加，提出更具建设性的意见或建议。

九、瓷质板的应用

一直以来，用于墙地装饰的陶瓷砖的规格小、砖体厚。瓷质板突破了这一现状，并且它与许多传统建材相比拥有强大的功能优势，将建筑陶瓷的应用范围拓展到幕墙、屏风、柜台、地铁、船舰及个性化艺术装饰等领域。

在建筑外墙方面的应用，瓷质板的重量轻，可以减轻建筑物承重；抗渗、抗湿性好，耐热性强；可以抵御恶劣天气和环境所产生的温度快速变化；永不褪色、保持完美的外观；还可以与外墙外保温结合起来。瓷质板可以替代传统建筑装饰面材料，长期保持稳定的高性能。

在车站、机场、地铁等公共场所，瓷质板的铺贴缝少，美观大方；而且表面的硬度极高，寿命长、不可燃、不吸水，不受交通性污染腐蚀，不产生强光反射引起炫目；维护成本低、便于清洁，又能节省空间。可见，瓷质板是公共交通场所极好的选择。

在旧房改造方面，由于瓷质板轻、薄，它可以直接在墙上贴，而且切割简单方便，在施工现场可以像划玻璃一样用玻璃刀随意对其进行切割，清洁无污染，无切割噪声，减少装修扰民现象。

此外，瓷质板可以抵御潮湿、大风、盐度腐蚀和典型海洋气候等恶劣环境的长期作用，并且易于维护与清洁，可以应用于船舶和医院等地方。

目前，最大规格陶瓷薄板可达1500×3000（mm），厚度仅有3~4mm，重量仅为花岗石的1/6。总之，瓷质板既能大大节约资源和能源，减少环境污染，又可以发挥建筑陶瓷的性能与装饰效果，符合国家节能、减排的环保要求和升级换代的产业结构调整的战略。

广东蒙娜丽莎新型材料集团有限公司瓷质板的主要性能见表2-4。

广东蒙娜丽莎新型材料集团有限公司瓷质板主要性能指标 表 2-4

项目	ISO 13006	GB/T23266—2009	瓷质板板检测值
断裂模数（MPa）	≥ 35	≥ 45	56
破坏强度（N）	≥ 700	≥ 800	895
耐磨性（mm³）	≤ 175	≤ 150	109 ~ 116
吸水率（%）	≤ 0.5	≤ 0.5	0.16

第三节

纤瓷板的生产工艺与装备

2000年，山东德惠来装饰瓷板有限公司开始大规格超薄陶瓷板的自主开发研究。通过采取引进先进设备和分析仪器，对优选原料配方、优化生产工艺、研制新技术与新设备等，在原料中引入无机矿物纤维，试验成功一次成形、连续化生产的工艺和设备及尺寸为长2000mm×宽1000mm×厚3～4mm的大规格超薄纤维陶瓷装饰板。2003年3月，项目通过山东省科技厅组织的科技成果鉴定，鉴定意见指出：产品填补国内空白，其主要性能指标达到国际同类产品先进水平。

2004年10月，经山东省科技厅推荐，山东德惠来装饰瓷板有限公司申报的"大规格超薄高档纤维复合陶瓷装饰板产业化技术研究"课题获得国家科技部批准，被列为国家"十五"科技攻关计划项目。2005年11月，项目通过山东省科技厅组织的专家验收。

2005年6月，山东德惠来装饰瓷板有限公司生产的"薄斯美"纤维复合陶瓷装饰板（2000mm×1000×mm×4mm）荣获由国家科技部、国家商务部、国家质量监督检验检疫总局、国家环境保护部联合颁发的"国家重点新产品证书"（证书编号：2005ED740018）。

2006年9月，山东德惠来装饰瓷板有限公司生产的"超大超薄陶瓷板"得到国家科技部批准并得到由科技部火炬高技术产业开发中心颁发的"国家火炬计划项目证书"（证书编号：2006GH031086）。

2007年4月，山东德惠来装饰瓷板有限公司承担的薄型陶瓷砖湿法生产技术及装备被列入国家"十一五"科技支撑计划课题"陶瓷砖绿色制造关键技术与装备"（课题编号2006BAF02A28），2007年11月，项目通过山东省科技厅组织的专家验收。

一、列入国家"十五"科技攻关计划

2004年7月，"大规格超薄高档纤维复合陶瓷装饰板产业化技术研究"课题列入国家"十五"科技攻关计划项目"大规格超薄建筑陶瓷砖产业化技术开发"（2004BA321B）的课题四（2004BA321B04）"，由山东淄博德惠来装饰陶瓷有限公司作为承担单位，起止年限为2004年7月至2005年12月。主要任务是通过对大规格超薄高性能纤维复合陶瓷装饰板产业化制造工艺技术的研究攻关，研究出具有自主知识产权的、适合大规格超薄高性能陶瓷复合板产业化生产的集成技术，建成一条年产50万m²大规格高性能纤

维复合陶瓷装饰板示范生产线；建立大规格超薄高性能陶瓷装饰板应用评价和标准体系。2005年11月，通过山东省科技厅组织的课题验收。

课题解决了大规格超薄纤维陶瓷板规模化生产的原料制备、成形、干燥、烧成等四个主要关键工序的关键技术，满足了规模化生产的要求；研制成功了适应大规格超薄纤维陶瓷板产业化规模生产的成形机、干燥设备、施釉设备、印花机、烧成设备等关键技术设备；建成年产50万m²示范生产线并投入试生产，生产线运行正常，产品质量稳定，产品性能指标达到计划规定的指标；产品已投放市场并出口国外，受到用户好评；申请专利72项，其中发明专利11项、实用新型专利15项、外观设计专利46项。

1. 配方中使用无机矿物纤维，提高产品韧性和强度

大规格超薄纤维陶瓷板配方中使用的无机矿物纤维属于高温型针状硅灰石，长径比为1：20，能在1200℃以下高温烧结后不被熔解而仍然保持针状结构，在配方中使用这种无机矿纤维，与其他原料混合后针状纤维均匀地与其他原料呈交错状而形成不规则织网结构，经高温烧成后仍保持这种不规则织网结构，使得纤维陶瓷板具有在面积大、厚度薄的条件下可保特殊的韧性和强度，使传统陶瓷砖的力学性能明显提高。由于产品的韧性和强度的提高，使得纤维陶瓷板在达到传统陶瓷砖强度标准时节约原材料消耗用量40%～60%。

2. 采用干法工艺，节约能耗30%，实现废气、废水零排放

原料加工处理采用干法工艺，即原料经配料后，经过混合与粉碎、储存后即可使用。不用球磨机和喷雾干燥塔，克服了大量耗用水、电、气和同时产生废气、废水排放的弊端，节约能耗30%以上，达到废气、废水的零排放，实现了原料制备过程的节能减排。

3. 研制成功新型双螺旋式混料机

针对传统的混料机存在混料不均匀、死角多、容易产生原料结块而影响成品率的问题，项目开发研制出一套适应大型薄板原料处理的新型双螺旋式混料机，彻底解决了传统混料机的缺陷，提高了混料效率，增加了产品的稳定性。

4. 研究成功大尺寸湿法挤压成形工艺和连续式新型高压挤压成形设备

大尺寸湿法挤压成形新工艺是把经过储存后的原料加水捏合成泥料送入挤压成形机而形成粗坯，再经过大尺寸滚压成形机压制成均匀的大型薄板坯体。与常用的半干压工艺相比，可完全免去大吨位压机、模具及配套设备（冷却系统、吸尘系统等），并可实现连续化生产，明显降低水、电、油的消耗，显著降低设备投资和生产成本。

连续式新型高压挤压成形设备用于大规格超薄纤维陶瓷板的自动成形，彻底解决了传统模压成形设备的间歇性、压力不均、易变形、无法压制大面积陶瓷板等问题，提高了产品质量和产品产量。实践证明，设备具有结构简单、不使用模具、无运动部件、使用寿命长、运行维护费用低等特点。

5. 开发成功多段式自动湿度循环干燥系统

开发出多段式自动湿度控制循环干燥系统，改变了传统单循环干燥方式所产生坯体变形、开裂、起鼓等问题。多段式自动湿度循环干燥系统采用相对湿度控制技术使坯干燥方向由内向外，而传统干燥使用单一循环技术，干燥方式是由表面向内，容易造成表面太干内部未干而变形、起鼓、开裂等而严重影响产品质量。

6. 开发成功电子稳压流动施釉系统

改变传统无压力流动施釉方式，开发出电子稳压流动施釉系统。采用意大利进口幕式淋釉机，利用螺旋泵吸入釉浆，釉浆经过过滤器、稳压器、流量控制器再到蓄压室，流出均匀釉带，完全解决了大面积施釉所产生的不均匀、不平整、不稳定等问题。施釉输送线采用全自动化控制，实现有坯时自动行走，无坯时自动停止，以节电及减少组件磨损。

7. 开发出超大型丝网印花机

大型陶瓷板印花的最大难度是印刷中丝网脱离后会粘网及丝网张力不均匀的问题，经过实验验证，加装同步脱网机构，开发出超大型丝网印花机，解决了这些问题。开发的印花机印刷尺寸最大可达1100mm×2500mm，可印制复杂的大理石纹及复杂图案，且自然逼真。

8. 成功开发出适合烧制面积大、厚度薄、重量轻的辊道式烧成窑

该辊道式烧成窑的最大特点是改变了烧嘴的结构及分布，使大面积薄板在烧制过程中温差缩小，尤其在高温烧成带，为了避免受热不均匀，通过增加加热点减少了火焰强度，克服了传统窑不易烧制大尺寸薄板的难题。

二、列入国家"十一五"科技支撑计划

山东淄博德惠来装饰瓷板有限公司参加了国家科学技术部下达的国家"十一五"科技支撑课题"陶瓷砖绿色制造关键技术与装备"（2006BAF02A28）的研究任务。

取得的成果是：完成了薄型陶瓷砖坯釉料配方的研究，建立了薄型陶瓷砖坯釉料配方体系；完成了薄型陶瓷砖坯湿法成形机理和应力消除的研究，开发出挤出成形应力检测设备，完成成形设备的研究开发；完成了薄型陶瓷砖坯体增强增韧技术的研究，确定了增强增韧的方法及材料的选择；完成了薄型陶瓷砖干燥和烧成技术的研究，确定了干燥和烧成曲线；完成了薄型陶瓷砖施釉、印花技术和冷加工技术及其装备研究开发；建立了薄型陶瓷砖质量标准体系，制定了国家标准《陶瓷板》和部颁标准《建筑陶瓷薄板应用技术规程》；集成研究成果，完成了年产100万 m^2 示范线的建设，生产出合格产品；完成专利申报10项，形成了全套薄型陶瓷砖的生产设备和生产技术的自主知识产权。

1. 建立薄型陶瓷砖坯釉料配方体系

研究了黏土—长石—石英配方体系制作薄型陶瓷砖的配方和性能，探讨了锂长石、a-Al$_2$O$_3$微粉、

烧成温度对黏土—长石—石英配方体系薄型陶瓷砖性能的影响。研究了黏土–长石–滑石体配方系制作薄型陶瓷砖的配方和性能，探讨了锂辉石、a–Al$_2$O$_3$微粉、烧成温度对黏土—长石—滑石配方体系薄型陶瓷砖性能的影响。在实验室研究成果基础上，逐步进行扩大试验、半工业性试验、工业性试验，完成了湿法滚压成形坯釉料配方体系的研究，确定了生产配方，成果应用于示范生产线。

2. 完成辊压成形机理和应力消除的研究，设计出挤出机泥料应力测试仪

（1）湿法辊压薄形瓷质砖成形机理和应力消除的研究。通过对挤泥速度、添加剂种类及数量与机头内壁压力之间关系的研究发现，由于试验瓷坯泥料含有黏土、长石、石英、滑石等，高岭土颗粒具有薄板结构，长石有类似长柱状的结构，这两种结构往往趋于在受外力（如挤压力）的垂直方向上排列，而使挤出的泥坯出现各向异性的结构。由于机头内壁对泥料的外摩擦阻力大于泥料间的内摩擦阻力，使得泥料在末端螺旋推送下，中心流动速度大于周边速度，形成了呈抛物线状的速度分布规律。加入添加剂后的泥料内部的压力有减少的趋势，这是因为加入添加剂以后，在颗粒之间形成液态间层，坯料塑性得到提高，分层现象逐渐减少。在辊压成形时，辊棒和泥料接触所产生的径向外切力分解成对泥料的正向压力和向前推移力，正向压力使泥料体积密度增加，向前推移力使泥料辊压向前运动，使颗粒能有序排列。研究发现，辊压成形的坯体和注浆成形的坯体两者的坯体表面状况差异很大，辊压成形坯体的片状颗粒主要分布在同一平面内，而注浆成形坯体的颗粒分布较无序。辊压成形的坯体由于受到辊子的外压力作用，颗粒分布比较均匀，呈现较有序排列，层与层之间形成斜楔形作用，提高了生坯的干燥强度。而注浆成形坯体颗粒分布较杂乱，干燥强度低。可见，辊压成形对体积密度，尤其是微观结构颗粒的有序排列更有利。

（2）挤出机泥料应力测试仪及使用。不同的真空练泥机转速对陶瓷坯泥内应力产生的影响不同，不同泥料内部应力也不同。开发出挤出机泥料应力测试仪，可对泥料在不同速度下通过机头时的应力进行测量。

3. 进行坯体增强增韧材料和技术研究

在黏土—长石—石英配方体系基础上，添加硅灰石和改变保温时间对湿法辊压薄型砖生坯和瓷坯微观结构和机械强度的影响。

在黏土—长石—滑石配方体系基础上，添加硅灰石对湿法辊压薄型砖生坯和瓷坯微观结构及机械强度的影响。

在黏土—长石—滑石—锂辉石配方体系基础上，添加硅灰石对湿法辊压薄型砖生坯和瓷坯微观结构及机械强度的影响。

添加球土和黑泥对黏土—长石—滑石体系瓷质砖生坯和瓷坯微观结构及机械强度的影响。通过以上配方体系的研究发现：通过改变原料组成（主要是黏土）和添加一定量的硅灰石，可改善瓷质砖显微结构，提高瓷质砖的性能。适当缩短保温时间能促进瓷坯的致密化，提高瓷坯的性能，且可降低烧成温度以节约能源。课题开发的配方体系完全能满足湿法辊压成形生产的需求，且原料成本较低。添加无机纤维硅灰石有利于坯体的干燥。这些结论得到了山东德惠来装饰瓷板有限公司的中试实验和示范线生产的验证。

4. 制定生产所需的干燥和烧成制度

由于薄型陶瓷砖的尺寸大、厚度薄，应通过调整配方严格控制其干燥收缩和烧成收缩，这是本课题的重要研究内容。结论是把薄型砖的总收缩控制在12.5%以内。这些成果应用成功于示范生产线的干燥和烧成过程。

5. 完成湿法滚压陶瓷砖成套装备的研发并成功应用于示范线

相继开发出双级真空挤泥机、双辊挤压机、输送机、干燥设备、施釉及印花设备、烧成辊道窑等重点设备，成功用于薄型陶瓷砖生产线的建设。

6. 研究并参与制定陶瓷砖国家标准

研究并参与制定我国首部《陶瓷板》(CB/T23266—2009)和《建筑陶瓷薄板应用技术规程》(JCI/T722009)。

集成研究成果，建设了一条年产100万m²的湿法滚压成形薄型陶瓷板示范生产线。经国家建筑卫生陶瓷质量监督检验中心检测，产品主要技术参数达到课题任务书和国家标准的要求。产品的主要性能指标和原料消耗及能耗等指标见表2-5、表2-6。

山东德惠来瓷板装饰有限公司纤瓷板主要性能指标　　　　表 2-5

科目	任务书要求	测试值 I	测试值 II	测试值 III	测试值 IV	测试值 V
产品规格（mm）	10 × 100–900 × 2400	900 × 2400	900 × 2400	900 × 2400	900 × 2400	900 × 2400
厚度（mm）	内墙砖 3、外墙砖 3 ~ 4、地板砖 4 ~ 6	5.5	5.5	5.5	5.5	4.3
吸水率 E（%）	内墙砖 > 10、外墙砖 ≤ 3、地板砖 ≤ 0.5	0.08	0.07	1.7	7.4	13.6
断裂模数（MPa）	内墙砖 ≥ 15、外墙砖 ≥ 30、地板砖 ≥ 355	47	50	51	52	

山东德惠来瓷板装饰有限公司纤瓷板示范线原料消耗及能耗　　　　表 2-6

科目	传统值	示范线值	课题任务书要求	完成结果	节能减排效果
原料消耗（kg/m²）	88.7	12.7	减量 50%	节约 85.6%	节约 66700t
水耗（kg/m²）	178.6	3.4		减少 98.9%	节约 11600t
能耗（kg 标煤 /m²）	5.1	2.4	节能 45%	降低 52.94%	节约 2700t
CO_2 排放（kg/m²）	12.75	5.87		降低 53.89%	减排 6880t
SO_2 排放（kg/m²）	0.084	0.011	每 100 万 m² 减少 1t	降低 86.9%	减排 73t
NOx 排放（kg/m²）	0.080	0.049		降低 38.8%	减排 31t
烟尘排放（kg/m²）	0.049	0.018	每 100 万 m² 减少 50t	降低 63.26%	减排 31t

注：节能减排效果按100万 m²/年计算。

三、纤瓷板的生产工艺

2009年12月，山东德惠来瓷板装饰有限公司建成年产100万m²薄型陶瓷砖（纤瓷板）的生产线并投产，生产线位于山东省淄博高新技术产业开发区，占地面积280亩。纤瓷板生产采用湿法辊压成形和二次烧成工艺（图2-12）。

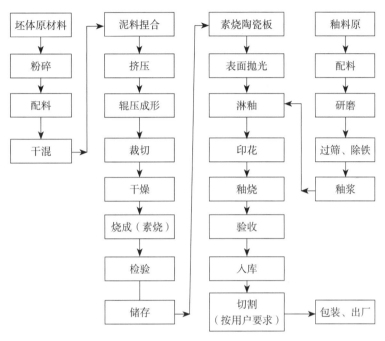

图2-12　纤瓷板生产工艺流程图

1. 坯体配方、坯用原料及质量要求

（1）坯体配方，见表2-7。

纤瓷板的坯体配方（%）　　　　　　　　　　　　　　　表2-7

名称	叶腊石	蒙阴土	莱阳土	石英	长石	黏土	钙镁粉	精铝粉	原土	硅灰石
比例	12	18	21	10	10	11	3	7	5	3

注： 黏土为河北黏土、原土为回收料。

坯体的化学成分为：SiO_2 65.1%、Fe_2O_3 1.2%、Al_2O_3 14.33%、CaO 4.5%、MgO 3.8%、K_2O 3.3、TiO_2 0.4%、Na_2O 1.75%。

（2）坯用原料产地及质量要求，化学成分为根据实测结果。见表2-8。

纤瓷板坯用原料产地及质量要求（%）　　　　　　　　　表2-8

名称	产地	SiO_2	Al_2O_3	Fe_2O_3	CaO	MgO	TiO_2	烧失	收缩率（≤）	吸水率（≤）
叶腊石	吉林	75.36	17.18	0.95	0.88	0.67	0.66	3.44	1	25

名称	产地	SiO$_2$	Al$_2$O$_3$	Fe$_2$O$_3$	CaO	MgO	TiO$_2$	烧失	收缩率($\leqslant$)	吸水率($\leqslant$)
蒙阴土	青岛	65.56	21.34	2.87	0.83	0.86	1.09	6.74	7	20
莱阳土	莱州	70.56	17.50	1.63	1.37	1.96	0.59	3.08	3	25
石英	泰安	98.78	0.97	—	0.20	0.39	—	0.19	3	20
长石	泰安	78.41	13.52	1.07	3.66	1.64	0.28	3.33	12	1
黏土	河北	74.90	14.25	0.54	1.32	1.80	0.11	2.19	7	20
钙镁粉	莱州	52.80	1.32	0.23	21.03	18.35	—	2.78	1	21
精铝粉	山东	SiO2	39.27	2.39	1.00	1.10	2.38	13.35	1	25
硅灰石	吉林	48.40	0.85	0.50	47.23	1.65	—	4.69	1	25
原土	回收料									

2. 釉料配方、釉用原料及质量要求

（1）釉料配方，见表2-9。

纤瓷板的釉料配方（重量%） 表 2-9

名称	钾长石	钠长石	方解石	烧滑石	氧化锌	碳酸钡	氧化铝	熔块	高岭土
比例	8	24	8	7	2	3	4	34	10

釉料化学成分为：SiO$_2$ 64%、Fe$_2$O$_3$ 0.44%、Al$_2$O$_3$ 10.51%、ZrO$_2$ 7.15%、CaO 11.5%、MgO 0.32%、K$_2$O 2.75%、ZnO 2.2%。

（2）釉料原料产地，200目筛全部通过。

钾长石：山东新泰；钠长石：山东新泰；方解石：江西；烧滑石：江西；氧化锌：山东淄博；碳酸钡：山东淄博；氧化铝：山东铝业公司；熔块：台湾大鸿制釉；高岭土：苏州。

3. 采用的新工艺及其流程

（1）新工艺、新技术及新设备

1）在配方中引入针状硅灰石纤维。这种针状硅灰石纤维的配方中氧化硅（SiO$_2$）的含量76%以上，长径比为1:20，与其他原料在高温烧结时，纤维结晶形成不规则的交错网状，填补不规则天然针状晶石空隙，增加针状结晶的强度与密度，使坯体的强度与韧性提高，吸水率降低。

2）采用原料直接干法混合、粉碎工艺。改变传统原料加工处理工艺，直接采用干法粉碎原料，不使用球磨机及喷雾干燥塔，具有节水、节电和降低废气、废水排放的特点。

3）采用高压湿式连续挤压成形工艺。开发出多段式挤压浮动压型机，不用大吨位压机和模具及配套设备，实现连续化生产。

4）采用多段式自动湿度循环干燥系统。在湿度自动控制下，可实现坯体水分均匀地从内部向外边排除而逐渐实现坯体干燥，具有坯体不变形、不开裂、不爆坯等特点。

5）采用均匀烧成技术。开发出适合烧制面积大、厚度薄、重量轻的滚轴式烧成窑。改变了烧嘴结构及分布，使烧成过程中上下温差缩小；通过增加加热点，减少火焰强度，避免了局部受热不均匀。解决了传统窑难以烧制薄板的技术难题。

6）采用高压流动施釉方式。以电子稳压流动方式，解决了大面积施釉所产生的厚度不均匀、不平整、不稳定等问题。施釉线采用全自动化控制，实现了有坯时自动行走、无坯自动停止，具有节电及减少组件磨损、开机即保持运行的特点。

7）采用超大型丝网印花机。开发出最大尺寸为1100×3000（mm）的印花机，解决了大面积印刷粘网的问题，具有印刷面积大、不粘网、可印刷复杂的大理石纹及复杂图案且图案清晰等优点。

（2）生产工艺流程

1）配料及混合。各种原料进行干法粉碎并达到规定的粒度，按确定的原料配方经称重后进入配料机，配制好的原料由配料机送入粉料混合机（干混机）进行快速混合以保证制备原料的均匀性。工艺流程：粉碎→过筛→进料仓→配料→称量→混合→检测→储存。

2）泥料制备。储存配料进入双轴混练机（捏合机）进行泥料混练，泥料水分控制在16%左右。混练好的泥料经泥饼切片机切成厚度为20~30（mm）片状泥饼。

3）成形。坯体进行辊压成形。片状泥饼进入两级真空挤泥机，泥饼真空脱水到16%~18%并挤压出预成形陶瓷坯带，规格为60×400（mm）；经平面输送机把陶瓷坯带送入滚压成形机压制成陶瓷板坯带，厚度为4.5~6.4mm；把板坯带由平面输送机送入裁切机进行裁切成长方形陶瓷毛坯板，其技术参数见表2-10。

陶瓷毛坯板的技术参数　单位：mm　　　　　　　　表 2-10

类型	毛坯尺寸			允许误差范围		
	长	宽	厚	长	宽	厚
74	2300	1210	4.3	±30	±30	±0.2
45	2300	1210	5.3	±30	±30	±0.2
76	2300	1210	6.4	±30	±30	±0.2

辊压成形后的坯带裁切在滚压成形坯体运行过程中进行，裁切要求尺寸定位准确而不能产生斜边。坯带裁切过程中产生的剩料回收再利用。

4）坯体干燥。裁切好的陶瓷板坯由输送机直接送入干燥窑进行干燥。由于此时的坯体含水分较高（16%左右），坯体薄（4.3~6.3mm），应采用平布带输送，同时将进窑连接部分尽量调整平稳，故把干燥窑的第一节改为布带传动。

干燥采用红外线干燥器及多层次气流湿度控制器，使坯体干燥均匀。干燥窑全长50m、窑口截面积为1500×300（mm）。干燥平均温度180℃左右。坯体运行速度为250mm/min，干燥周期20min左右。坯体最终含水率降至1%以下。干燥窑的温度情况见表2-11，干燥曲线见图2-13。

干燥窑温度控制情况 表2-11

	H1	H3	H5	H7	H9	H11	H13	T1
上温	100~200	100~200	100~200	100~200	100~200	100~200	100~200	100~200
	T3	T5	T7	H15	H17	H19	H21	
	100~200	100~200	100~200	100~200	100~200	100~200	100~200	
下温	H2	H4	H6	H8	H10	H12	H14	T2
	100~180	100~180	100~180	100~180	100~180	100~180	100~180	100~200
	T4	T6	T6	H16	H18	H20	H22	
	120~200	120~200	120~200	120~200	120~200	120~200	120~200	

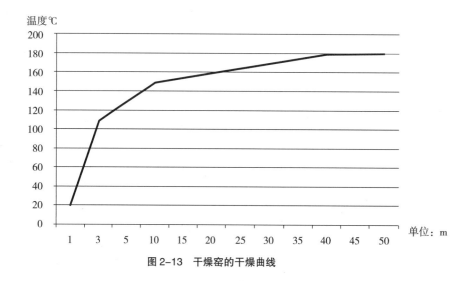

图2-13 干燥窑的干燥曲线

5）素烧。干燥后的坯体由输送机直接进入素烧窑中烧成。烧成采用氧化负压和均匀烧成技术，使用新式多点式燃烧器，使温度控制更为均匀，减少烧成温差。素烧窑长73m，窑口截面积为1500×40（mm）。以天然气为热源，微机控制，控制精度±5℃。素成温度1180℃，烧成运行速度为146mm/min，烧成时间50min左右。素烧产品出窑验收后集中存放。素烧窑的温度控制情况见表2-12，素烧曲线见图2-14。

素烧窑的温度控制情况 表2-12

	H22	H1	H3	A5	A7	A9
上温	100~400	600~800	700~900	800~1000	900~1100	950~1200
	A11	A13	A15	A17	F19	F21
	1000~1200	1000~1200	9500~1200	600~750	450~700	60~300
下温	H21	H2	F4	A6	A8	A10
	400~600	600~800	750~950	900~1100	900~1100	950~1150
	A12	A14	A16	A18	F20	
	1050~1200	1050~1200	950~1200	600~7500	300~600	

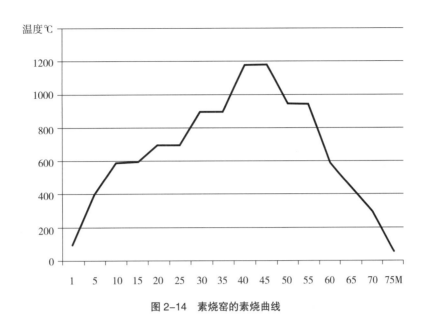

图 2-14　素烧窑的素烧曲线

6）素烧产品抛光。在抛平机上进行素烧产品的抛平处理，使板面平整、光洁。

7）釉浆制备。包括配料、研磨、检测、出浆、过筛除铁、搅拌存放等工序。釉料研磨时间30~60h，细度控制250目筛全部通过。经过除铁后的釉浆经搅拌后储存，并做釉样，试烧符合要求后方可使用。釉浆稠度过小时悬浮性差，可加入凝聚剂调节，如$MgSO_4$或NH_4Cl，防止釉浆轻重颗粒的分离以提高稳定性。釉浆稠度过大触变性高时，可加入稀释剂，如Na_2CO_3或水玻璃，以提高其流动性。

8）淋釉。把表面抛平处理后的素烧产品由输送机进入施釉系统（多功能施釉线）进行淋釉。施釉系统由淋釉机和施釉输送机组成。淋釉压力为700Pa，系统运转速度根据施釉量自行调节。

9）印花。施釉后的陶瓷板经干燥后进行表面装饰（印花）。采用大型平板印花机及大型自动辊筒印彩机进行多色套印，可连续印制不同色彩。现已采用3D喷墨打印机进行陶瓷板的表面印花装饰。

10）釉烧。印花后的陶瓷板经干燥后由输送机进入釉烧窑进行釉烧。釉烧窑长73m，窑口截面积1500×400（mm）。以天然气为热源，采用微机控制。釉烧温度1160℃，运行速度：146mm/min，釉烧时间50min。釉烧窑温度控制情况见表2-13，釉烧曲线见图2-15。

釉烧窑的温度控制情况　　　　　　　　　　　　　表 2-13

	H22	H1	H3	A5	A7	A 9
上温	100~400	600~800	700~900	800~1000	900~1100	950~1200
	A11	A 13	A15	A17	F19	F21
	1000~1200	1000~1200	9500~1200	600~750	450~700	60~300
下温	H21	H2	F4	A6	A8	A10
	400~600	600~800	750~950	900~1100	900~1100	950~1150
	A12	A14	A16	A18	F20	
	1050~1200	1050~1200	950~1200	600~7500	300~600	

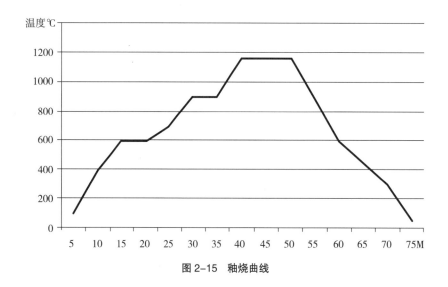

图 2-15 釉烧曲线

四、主要生产设备及性能参数

1. 生产线主要设备，见表 2-14

生产线主要设备表

表 2-14

序号	设备名称	规格型号	数量
	（一）原料制备系统		
1	球磨机	20t	2 台
2	储料粉筒	60t	7 座
3	自动磅料机	1t 装	1 座
4	振动筛	直径 1m	12 套
5	泥浆自动除铁机	1000	1 台
6	泥浆储存筒	5t	8 部
	（二）（泥料制备系统）		
7	混料机	1t 装	6 台
8	捏合机	1m³	6 台
9	吸尘机	37kW	2 套
	（三）成形系统		
10	压出机	37.5kW	4 套
11	压型机		4 套
12	裁切机		4 套
	（四）烘干系统		
13	红外线烘干窑	50m	
14	烧成窑炉	70m	3 条
15	出窑输送机	1.6×60	3 套

续表

序号	设备名称	规格型号	数量
	（四）烘干系统		
16	吸尘机	37kW	1套
	（五）陶瓷板面处理系统		
17	抛光机	125kW	4台
18	吸尘机	37kW	1套
	（六）施釉系统		
19	施釉输送线	180m	2条
20	淋釉机	VELI-1200	4台
21	烘干窑	20m	2台
	（七）印花系统		
22	平面印花机	1.3×3m	6台
23	滚筒印花机	1.2×2.5m	1套
24	空气干燥机	10kW	2台
	（八）釉烧系统		
25	釉烧窑	80m	2条
	（九）釉料制备系统		
26	釉料球磨机	$\phi 8 \times 10$	2台
27	釉料球磨机	6×6	2台
28	釉料球磨机	4×5	2台
29	釉料球磨机	3×3	2台
30	超细研磨机	450kg装	3台
31	除铁机	12000	2台
32	釉浆过筛机	100目 0.75kW	6台
33	高频过筛机	150目 0.75kW	6台
34	釉浆过筛机	$\phi 1000$	4台
35	釉浆搅拌桶	300kg装	12台
36	釉浆储存桶	5t装	12台
37	回收搅拌桶	300kg装	12台
	（十）其他相关设备		
38	超高压水刀机	37.5kW	2套
39	激光切割机	2500W	2台

2. 主要设备及其参数

（1）配料机。设备制造单位：台湾均汇通陶瓷机械公司。设备型号、规格：600kg。用途：将各种原料按照配方要求称重混合（图2-16）。

主要性能参数：600kg/次；总功率：3.5kW；外形尺寸（长×宽×高）：15×3.3×7（m）。

（2）干混机。设备制造单位：山东淄博城东机械厂。设备型号、规格：1t。

用途：将称重好的原料混合均匀。

图2-16 配料机

图2-17 干混机

图2-18 捏合机

图2-19 挤压机

主要性能参数：1000kg/次，40min/次；总功率：40kW；外形尺寸（长×宽×高）：2.5×1.4×1.7（m）。

设备性能特点：该混料机是一种新型双螺旋式混料机，解决传统混合机所产生混合不均匀、混料死角多，容易产生原料结块，影响制成率所产生的问题。更提高了混料效率，增加了产品的稳定性（图2-17）。

（3）捏合机。设备制造单位：山东淄博城东机械厂。设备型号、规格：600kg。用途：将混合均匀的原料按照工艺要求加入定量水，搅拌成均匀的泥块（图2-18）。

主要性能参数：600kg/次，40min/次；总功率：37.5kW；外形尺寸（长×宽×高）：4.2×1.4×2（m）。

（4）挤压机。设备制造单位：台湾均汇通陶瓷机械公司。设备型号、规格：φ500mm。用途：将原料泥块经抽真空挤压出可以轮压的泥带。

主要性能参数：

进出口泥条规格（厚×宽）：60×400（mm）；总功率：37.5kW；外形尺寸（长×宽×高）：4.2×1.4×2（m）。

设备性能特点：该挤压机在原机型的基础上进行重大改进，将泥料挤出口由圆形改为矩形，采用多段式挤压工艺，使挤出的泥料由圆柱形变为矩形状泥带，以满足辊压连续压型工艺要求（图2-19）。

（5）成形机（轮压机）。设备制造单位：台湾均汇通陶瓷机械公司。设备型号、规格：φ400×1.5m（压辊）。用途：将经挤压机压出的陶瓷砖坯体泥带进一步进行轮压，压成厚薄均匀的陶瓷板薄坯体。

主要性能参数：可压出的陶瓷砖坯体厚度：4～7.5mm；总功率：34kW；外形尺寸（长×宽×高）：18×2×2m。

设备性能特点：该成形机在原机型的基础上进行重大改进，采用了浮动式轮压成形工艺，可实现无间断、连续化生产，压制的坯体密度及厚度均匀（图2-20）。

（6）裁切机。设备制造单位：山东淄博城东机械厂。用途：将经轮压机压制成形的带状陶瓷坯体，裁切成规定尺寸规格的陶瓷板坯体（图2-21）。

主要性能参数：可裁切陶瓷坯板规格尺寸：～2020mm×～1020mm；总功率：0.55kW；外形尺寸（长×宽×高）：1.5×

图 2-20　成形机（轮压机）

图 2-21　裁切机

图 2-22　烘干窑

图 2-23　素烧窑

3×0.30（m）。

（7）干燥窑。设备制造单位：意大利。设备型号、规格：1.5×50（m）。用途：用于陶瓷板坯体干燥，排干坯体中水分，提高坯体强度。

主要性能参数：运转速度：0.6~1.2m/min；总功率：78kW（含加热棒、风机、传动电机）；外形尺寸（长×宽×高）：$50 \times 1.8 \times 1.8$（m）。

设备性能特点：该烘干窑在原窑型的基础上进行重大改进。在该烘干窑采用了先进的红外线干燥器和多层次气流湿度控制器，使坯体能均匀从内部向外干燥，达到了坯体、不开裂、不变形的效果（图2-22）。

（8）素烧窑。设备制造单位：意大利。设备型号、规格：1.5×73（m）。用途：用于陶瓷板坯体的高温烧结，使坯体进一步收缩，形成强度更高的素坯。

主要性能参数：运转速度：0.6~1.2m/min；总功率：85kW；外形尺寸（长×宽×高）：$70 \times 2.3 \times 1.8$（m）。

设备性能特点：该烧成窑在原窑型的基础上进行重大改进。在该烧成窑上使用了新式多点式燃烧器。该新式多点式燃烧器应用，使温度控制更为均匀，保证了坯体大面积平均受热，减少了烧成的温差，提高了烧成效率（图2-23）。

（9）抛平机。设备制造单位：台湾均汇通陶瓷机械公司。设备型号、规格：FPC-51S。用途：用于陶瓷板素坯的表面处理，使陶瓷板素坯表面平整（图2-24）。

主要性能参数：40～100目砂带；总功率：150kW；外形尺寸（长×宽×高）：12×1.6×2（m）。

（10）淋釉机。设备制造单位：佛山希望陶瓷机械公司。设备型号、规格：LY-1200。用途：使釉浆均匀分布在陶瓷板素坯表面。

主要性能参数：淋釉宽度：1.2m；运转速度：0.6～1.5m/min可调整

总功率：3kW；外形尺寸（长×宽×高）：1.7×1.5×2（m）。

设备性能特点：该淋釉机在原机型的基础上进行重大改进。采用了新的施釉工艺，即将传统无压力流动施釉方式，改为电子稳压流动方式施釉，解决了大面积施釉所产生的釉层厚度不均匀、不平整、不稳定等问题。施釉输送线采用全自动化控制，实现了有坯时自动行走，无坯自动停止（图2-25）。

（11）釉烧窑。设备制造单位：意大利。设备型号、规格：1.5×73（m）。用途：经过烧制生产出成品（图2-26）。

主要性能参数：运转速度：0.6～1.2m/min；总功率：85kW；外形尺寸（长×宽×高）：72×2.3×1.8（m）。

（12）平板印花机。设备制造单位：广东佛山希望陶瓷机械公司。设备型号、规格：1×2（m）。用途：用于陶瓷板表面装饰图案的印制（图2-27）。

主要性能参数：印刷最大面积：1×2（m）；总功率：3kW；外形尺寸（长×宽×高）：4.8×1.9×1.5（m）。

（13）滚筒印彩机。设备制造单位：广东佛山希望陶瓷机械公司。设备型号、规格：GZ1200。用途：用于陶瓷板表面装饰图案的印制（图2-28）。

主要性能参数：印花速度：6～30m/min；印花最大宽度：1.2m。总功率：5kW；外形尺寸（长×宽×高）：5.5×1.6×2（m）。

设备性能特点：该滚筒印彩机可连续印制各种不同的色彩，使陶瓷板色彩丰富，具有天然石材质感。

（14）平皮带式输送机。设备制造单位：台湾均汇通陶瓷机械公司。设备型号、规格：1×2.5（m）。用途：将经轮压压制的湿坯体输送进入干燥窑（图2-29）。

主要性能参数：运转速度：0.6～1.2m/min；总功率：2.1kW；外形尺寸（长×宽×高）：5×1.6×1.2（m）。

（15）切割机。设备制造单位：佛山新景泰陶瓷机械公司。设备型号、规格：NGB-100。用途：将陶瓷板切割成用户使用要求的规格尺寸（图2-30）。

主要性能参数：切割速度：2m/min；总功率：2.1kW；外形尺寸（长×宽×高）：5×1.6×1.2（m）。

五、纤瓷板产品品种及产量

"薄斯美"纤瓷板已形成年100万m²的产业规模，产品广泛应用于各类建筑室内外的墙地面、各类桌

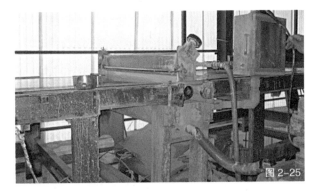

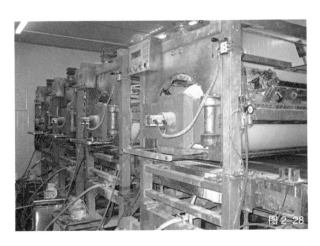

图 2-24　抛平机

图 2-25　淋釉机

图 2-26　釉烧窑

图 2-27　平板印花机

图 2-28　滚筒印彩机

图 2-29　输送机（平皮带式）

图 2-30　切割机

面、橱柜面板装饰和检验、试验台面等领域。品种有建筑内墙装饰陶瓷板、建筑外墙装饰陶瓷板、地面装饰陶瓷板、瓷板画用陶瓷板、桌橱柜面装饰陶瓷板等。其中建筑内墙装饰陶瓷板、建筑外墙装饰陶瓷板、地面装饰陶瓷板、复合干挂用陶瓷板的应用量最大，分别占生产总量的10%、40%、15%和20%。产品规格长2000×宽1000×厚3~4（mm），单片重量6~7.5kg。产品的显著特点是大、薄、轻，具有高强度、高弹性、耐高温、耐腐蚀、不透水、防污、易清洗、抗菌、防火、阻燃等特性，放射性达到国家A级标准。产品品种及产量见表2-15（按100万m²/年）。

纤瓷板产品品种及产量　单位：万m²　　　　　　　　　表2-15

序号	产品品种	数量	比例（%）
1	建筑墙面陶瓷板（厚度3mm）	10	10
2	建筑墙面陶瓷板（厚度4mm）	50	50
3	地面陶瓷板（厚度6mm）	15	15
4	陶瓷艺术壁画用陶瓷板	1	1
5	复合干挂用陶瓷板	15	15
6	保温复合用陶瓷板	5	5
7	其他	4	4
	合计		100

六、生产线投资情况

2007年，山东德惠来装饰瓷板有限公司年产100万m²"薄斯美"纤瓷板生产线于建成投产，总投资7980万元，其中：土地征用费300万元（6万/亩×50亩），建筑工程费2160万元（生产厂房20000m²、360万元，原料仓库3000m²、300万元，成品仓库3000m²、360万元，配电室100m²、15万元，供排水、气设施300m²、45万元，试验室300m²、90万元，职工生活服务设施4000m²、600万元，综合办公楼（办公、展销）3000m²、750万元），设备购置费3150万元（包括生产设备、试验检测设备、公用工程配套设备等），安装工程费320万元，其他费用450万元，流动资金1300万元。投资资金分布见表2-16。

年产100万m²纤瓷板投资分布一览表　　单位：万元　　　表2-16

序号	工程或费用名称	费用	备注
1	总投资	7980	
2	固定资产投资	5930	
2.1	土地征用费	300	6万/亩×50亩
2.2	建筑工程费	2160	厂房、库房及配套工程
2.3	设备购置费	3150	
2.4	安装工程费	320	
3	其他费用	450	
4	流动资金	1300	
5	研发经费	300	

七、专利申报、产品标准、工程施工质量验收标准制定

1. 专利申报与授权

围绕"薄斯美"纤瓷板的开发与生产，山东德惠来装饰有限公司先后申报专利75项，其中发明专利11项、实用新型15项、外观设计专利49项，获得授权专利：10项发明专利、11项实用新型、49项外观设计专利。山东德惠来装饰瓷板有限公司拥有制造本产品的全部知识产权。主要专利一览表见表2-17。

"薄斯美"纤瓷板的主要专利　　　　　　　　　表2-17

序号	专利名称	类别	专利号
1	超薄纤瓷板及其成形工艺和设备装置	发明专利	ZL03111785.66
2	通体玻化纤瓷板及其工业规模制造方法	发明专利	ZL200510042284.1
3	纤瓷板背衬干挂内外墙体表面装饰结构及其施工方法	发明专利	ZL200510012636.9
4	电磁屏蔽纤瓷板背衬干挂墙体表面装饰结构及其施工方法	发明专利	ZL200510012635.4
5	玻化纤瓷板的抛光方法	发明专利	ZL200510042090.1
6	用于生产纤瓷板的坯体滚压机	发明专利	ZL200510042089.9
7	用于生产纤瓷板的成形方法及成形装置	发明专利	ZL200510042091.6
8	用于生产纤瓷板的切割方法及切割装置	发明专利	ZL200510042087.X
9	玻化釉面纤瓷板及其工业规模制造方法	发明专利	ZL200510042287.5
10	一种氧化硅陶瓷大薄板的制造方法	发明专利	ZL201110039459.6
11	超薄纤瓷板成形装置	实用新型	ZL 03 2 14930.1
12	超薄纤瓷板	实用新型	ZL 03 2 14929.8
13	用于生产纤瓷板的切割装置	实用新型	ZL200520080404.2
14	用于生产纤瓷板的滚压机	实用新型	ZL200520080406.1
15	纤瓷板背衬干挂内外墙体表面装饰结构	实用新型	ZL200520024397.4
16	用于生产纤瓷板的成形装置	实用新型	ZL200520080405.7
17	用于生产玻化纤瓷板的抛光装置	实用新型	ZL200520081099.9
18	用于生产纤瓷板的滚筒式切割机	实用新型	ZL200520080402.3
19	大型纤瓷板印花装置	实用新型	ZL200520081100.8
20	用于生产匀厚度超薄纤瓷板的滚压延展机	实用新型	ZL200520080401.9
21	一种共熔、渗接为一体的玻化釉面纤瓷板	实用新型	ZL200520082259.1

2. 纤瓷板产品标准的制定

纤瓷板产品标准的制定经历了企业标准、行业标准、国家标准三个阶段。

（1）企业标准

2000年，淄博德惠来装饰瓷板有限公司于在国内首先研发成功大规格超薄纤维陶瓷板，当时国内没有相关国家和行业产品标准。为了便于产品生产、质量控制和销售，2001年1月，企业开始制定陶瓷板企业标准，标准定名为《纤维陶瓷板》。

2001年3月1日，《纤维陶瓷板》（Q/ZDHL001—2001）由淄博德惠来装饰瓷板有限公司于发布，2001年6月1日实施。

2005年7月，淄博德惠来装饰瓷板有限公司对《纤维陶瓷板》（Q/ZDHL001—2001）企业标准进行了

修订。2005年11月8日实施，标准定名为《纤维陶瓷板》（Q/ZDHL001—2005），标准经淄博市质量技术监督局标准备案（备案号为370300Q335—2005）。

在没有国家标准和行业标准的情况下，这个企业标准成为企业组织产品生产和检验的依据。

（2）行业标准

2006年，中国建筑材料工业协会提出制定标准《纤维陶瓷板》（JC/T 1045—2007），指定由淄博德惠来装饰瓷板有限公司负责起草。2007年5月29日，《纤维陶瓷板》（JC/T 1045—2007）标准由中华人民共和国国家发展与改革委员会发布，2007年11月1日实施。

（3）国家标准

《陶瓷板》（GB/T 23266—2009）标准由中国建筑材料联合会提出，由全国建筑卫生陶瓷标准化技术委员会（TC249）归口。负责起草单位为咸阳陶瓷研究设计院、广东蒙娜丽莎陶瓷有限公司、山东德惠来装饰瓷板有限公司。2009年3月9日，《陶瓷板》（GB/T 23266—2009）标准由中华人民共和国质量监督检验检疫总局、中国国家标准化管理委员会发布，2009年11月5日实施。

3. 纤瓷板装饰工程施工质量验收标准的编制

依据北京市建委有关精神，根据多年生产实际情况，通过广泛征求设计、施工和监理单位的意见，中国建筑一局装饰公司编制了《纤维陶瓷板装饰工程施工质量验收标准》（Q/ZDHL001—2003），目的是促使纤维陶瓷板装饰工程施工更加规范化、系统化、程序化，为产品的工程施工质量提供标准依据。

该标准主编单位为中国建筑一局装饰公司，参编单位是城东企业集团有限公司、淄博德惠来装饰瓷扳有限公司。标准解释由中国建筑一局装饰公司、淄博德惠来装饰瓷板有限公司共同负责。

本标准为北京市工程建设企业技术标准，由中国建筑一局装饰公司于2006年1月1日发布，2006年11月8日实施。

八、纤瓷板产品的应用

山东德惠来装饰瓷板有限公司开发的"薄斯美"纤维陶瓷板产品已广泛应用于建筑内、外墙装饰，地面铺装领域，桌、橱柜面装饰领域及艺术壁画领域。在建筑内、外墙装饰和地面铺装领域的应用逐步形成了一整套成熟施工技术，确保了产品使用的安全性和效果。在艺术壁画领域相继开发了室外装饰工程壁画系列、室内装饰画系列、婚纱与摄影写真系列、雕刻装饰画系列四大系列产品。

目前，陶瓷板主要应用于建筑装饰领域，一般用于建筑物内外墙及地面装饰，施工方式采用湿贴和干挂两种施工工艺。

在陶瓷艺术画上的应用。薄斯美瓷艺画采用具有大、轻、薄、硬及绿色环保等优点的薄斯美纤维陶瓷板，融入数码科技和高清印刷技术，结合水性环保纳米釉料，经窑烧温控固化技术烧制而成。这种由纳米水性环保釉彩制作的画面可包含全部绘画品种和摄影照片，质感细腻、层次清晰、色彩鲜艳、光彩夺目。适用范围为电视机背景墙、沙发背景墙、公共空间主题墙、油画、装饰画、婚纱照瓷板画等。开发的产品有室外装饰工程壁画系列、室内装饰画系列、婚纱与摄影写真系列、雕刻装饰画系列四大系列产品。

第四节

陶瓷板干法与湿法工艺特点

陶瓷板的生产工艺可分为干法和湿法两种，分别对其特点进行介绍。

一、干法工艺的特点

1. 为减少原料不一致导致的配方波动，各种坯用原材料进厂后，必须首先对其各自进行充分均匀的混合，随后按配方进行球磨，接下来料浆被送入300t以上容量的大浆池进行混浆。如此可有效地保证配方的稳定性。

2. 通过调整喷雾干燥塔的压力、温度、喷嘴等参数，增加颗粒级配中30～60目粉料的量，减少小于80目的细粉料，提高了粉料的容重，降低了压缩比，提高了坯体的致密度和强度，压制出的坯体表面平整；采用坯体增强剂将干燥坯强度由0.8～1.0MPa提高到1.8～2.0MPa，满足了实际生产对大规格陶瓷板坯体强度的需要。

3. 干压成形所用坯料的水分少、成形压力大，所获得的坯体致密、干燥和烧成的收缩小、形状准确、缺陷少，干压成形的过程简单、产量大，便于机械化，尤其适用于形状简单的坯体成形。由于陶瓷板的面积大，厚度薄，故其坯体成形时采用了科达公司MODULO 6800型自动液压机，它是一种新型可纵向压制大规格砖坯的大吨位压砖机，并与"魔术师"布料和模具系统一体设计，整个系统的技术参数上更加合理实用，自动控制技术、结构形式、液压控制技术以及整机的性能更先进、更稳定可靠。

4. 干燥窑利用了烧成窑炉的尾气余热对坯体进行干燥，大大节省了燃料。

5. 由于陶瓷板面积大、厚度薄、容易引起烧成变形等缺陷，所设计和采用的干燥窑和烧成窑炉：采用直径$d \leqslant 30mm$的辊棒，并且减小了辊棒间距；采用蓄热式烧嘴和窑炉整体结构的设计；采用更高效的纳米保温材料。

6. 干燥窑入口、出口、窑炉入口全部采用平台小车转运，釉线绝大部分采用平台皮带送砖方式，大大降低了破损率；喷釉处采用三角皮带输送，防止釉料粘到坯底；高温涂料采用特殊软辊，保证了上浆的均匀性。

7. 由于大规格陶瓷薄板由于面积大、厚度薄、易变形和破损，其施釉量不宜过多，同时还需考虑釉料的防污性和耐磨性,因此,对施釉工艺要求很高:所选取的釉料的膨胀系数比普通釉料大,最佳膨胀系数在(7.2-7.6)× 10-6/K,确保砖形的稳定;选用防污性、耐磨度好的进口透明釉,确保薄板经抛光后,各项性能指标达到要求;采用喷釉工艺,面釉及全抛透明釉的比重控制在1.35~1.50内,总喷釉量控制在700~820g/m²;印花装饰工艺采用立式皮带花机印花和进口大规格喷墨印花机,丰富了产品花色。

8. 抛光线上,针对产品尺寸偏差较大的问题,采用先切边后磨边的方式设计出切边磨边一体化设备;研发和采用了陶瓷板抛光专用磨具,大大降低了产品的抛光破损;针对抛光时的砖体偏移、破损等问题,在每个抛光磨头之间采用胶辊固定辊压砖面。

二、湿法工艺的特点

1. 为使矿物原料能得以均匀地分散混合,改变了传统混合方式,采用特殊的干混搅拌工艺技术,加装了快速分散机,彻底地解决了混料死角,保证制备的均匀性。

2. 湿法工艺改变了目前普遍采用的固定模压的方式,采用湿法挤压成形工艺。国内外陶瓷砖普遍采用大吨位压机和固定模压工艺,在生产线的配置上需要大量的大吨位压机和各种尺寸的模具,不仅造成了很高的投资费用、消耗费用、能耗和维修费用,而且增加了操作的复杂性和难度。湿法工艺采用了多段式挤压和浮动压形的新工艺,避免了模具,省去配套设备(如冷却系统、吸尘系统),可实现连续生产,坯体的密度及厚度均匀,可以防止干燥过程中产生的变形,不开裂,大大提高了合格率,生产效率高。

3. 针对干燥过程中容易产生坯体开裂、变形等问题,研制并采用了红外线干燥器及多层次气流湿度控制器,使坯体能由内向外均匀干燥,达到了坯体不开裂、不变形的目标。

4. 采用均匀烧成技术,通过在烧成设备使用新式多点式燃烧器,使温度控制更为均匀,保证了坯体大面积平均受热,提高烧成效率。

5. 以高压流动施釉工艺取代传统的无压力流动施釉工艺,使釉层的厚度更均匀更稳定。

6. 采用超大型自动滚筒印彩机,可连续印制各种不同的色彩。采用裁切技术,可按规格尺寸对产品进行裁切,不仅保证了产品尺寸的一致性,而且避免了传统切割方式所产生的高污染和维修费用。

干法工艺与湿法工艺比较结果见表2-18。

陶瓷板干法工艺与湿法工艺比较 　　　　　　　　　　　　　　表2-18

序号	比较内容	湿法工艺	干法工艺
1	原料的含水量	16% 左右	6% 左右
2	成形方式	湿法采用辊压成形,无需大吨位压机。	干法采用的是上压力成形,需要大吨位压机
3	成形率	成形率较高低	成形率较高
4	素坯变形	干燥工艺参数控制不稳容易次数坯体变形和开裂	坯体变形较小

续表

序号	比较内容	湿法工艺	干法工艺
5	陶瓷板规格尺寸	陶瓷板规格大小由人为裁定，最大尺寸为 1000×3000（mm）	模具决定陶瓷板产品规格大小，一般最大尺寸为 900×1800（mm）
6	干燥周期	干燥周期较长	干燥周期短
7	工艺流程	较长	较短
8	体积密度	较低	较高
9	抗折强度	平均抗折强度 49.9MPa	平均抗折强度 43.9MPa
10	吸水率	较高	较低

Chapter 03

陶瓷板产品标准、应用规程及参考图集

自陶瓷板进入市场以来，在有关各方的努力下，国家有关部门先后制定并发布了产品标准、应用技术规程及标准使用参考图册。由中华人民共和国国家质量监督检验检疫总局和中国国家标准化管理委员会共同发布的中华人民共和国国家标准《陶瓷板》（GB/T 23266—2009）；由中华人民共和国住房和城乡建设部发布的中华人民共和国行业标准《建筑陶瓷薄板应用技术规程》（JGJ/T 172—2009）、《建筑陶瓷薄板应用技术规程》（JGJ/T 172—2012）；由中国建筑标准设计研究院主编的《建筑陶瓷薄板和轻质陶瓷板工程应用 幕墙、装饰 参考图集》（13CJ43）。

第一节

编制《陶瓷板》GB/T 23266—2009

一、标准的由来

在"十一五"国家科技支撑计划课题"陶瓷砖绿色制造关键技术与装备"的任务书中，明确要求建立产品标准体系，制定一项产品标准。

根据任务书要求及课题进展情况，课题组上报了标准项目。国家标准化管理委员会在《关于下达2008年第三批国家标准修订计划的通知》[2008]118号文件中，下达了《陶瓷板》标准制定计划，计划编号20080847-T-609，项目主管单位为中国建筑材料联合会，技术归口单位为全国建筑卫生陶瓷标准化技术委员会（TC249），主要起草单位为咸阳陶瓷研究设计院、广东蒙娜丽莎陶瓷有限公司，参加单位为山东淄博德惠来陶瓷有限公司。

二、标准启动时产品及标准状况

当时，国内生产陶瓷板的企业有两家：山东淄博德惠来陶瓷有限公司和广东蒙娜丽莎陶瓷有限公司，生产的产品规格有900mm×1800mm×5.5mm、1000mm×2000mm×（4~6）mm等，还可根据用户的要求在上述规格范围内进行切割。生产工艺分别为湿法辊压成形和干法压制成形，产品吸水率从0.5%~12%，有有釉和无釉两种，无釉陶瓷板又有抛光和不抛光两种。

国外有意大利SYSTEM公司曾研制了陶瓷板生产设备，生产出了陶瓷板样品，未见批量生产产品。

国内曾于2007年5月29发布建材行业标准《纤维陶瓷板》（JC/T 1045—2007），该标准对吸水率大于6%的产品进行了标准规定。

未查到国外有关标准。

三、制定标准解决的技术关键

《陶瓷板》标准制定面对的是一个全新的产品，是填补国内空白，标准制定现要满足产品的使用要求，又要适用于生产控制，符合国家节约资源，节约能源，减少排放的基本国策。其标准需要解决的主要关键技术有：

1. 表面质量：根据使用要求列了五大项，其中一大项不允许出现，其余项规定了要求。

2. 尺寸要求：需验证试验，由于产品都要进行后期切割或磨边，所以尺寸控制要求可以较严。

3. 吸水率：需验证试验，确定吸水率范围。

4. 破坏强度和断裂模数：需验证试验，确定指标。

5. 耐磨性：对地面用砖提出要求，需验证试验后确定数值。

6. 抗热震性、有釉砖抗釉裂性、抗冻性、摩擦系数等提出要求。

7. 抛光陶瓷板光泽性：验证试验后确定数值。

8. 耐污染：验证性试验后确定数值。

9. 耐化学腐蚀性：验证性试验后确定级别。

10. 铅和镉表面溶出量：有釉陶瓷板用于加工食品的工作台面或墙面提出报告数值的要求。

11. 弹性限度：验证性试验后确定数值。

12. 防滑性能：根据使用条件确定数值。

四、标准的制定、发布过程

根据国家标准化管理委员会的计划要求，国标委组织了该标准项目的起草工作，标准由国标委归口，负责起草单位为咸阳陶瓷研究设计院、广东蒙娜丽莎陶瓷有限公司、山东德惠来瓷板装饰有限公司，参加起草单位为：淄博城东企业集团有限公司。

实际上，在标准申报之前，由起草单位组成的起草小组就做了大量项目调研、试验验证工作，所以在标准计划下达以后，经过紧张而富有成效的工作，起草小组在较短的时间内完成了标准讨论稿编制工作。

2008年9月20日，国标委发出建卫标秘字第[2008]22号"关于对《陶瓷板》国家标准征求意见的通知"，面向行业主管部门、生产企业、相关科研院所及有关专家征求意见，为期一个月。

2008年10月25日～26日，标委会组织召开了《陶瓷板》国家标准审议会，参加审议会的标委会委员、特邀专家共36人。这些代表包括中国建筑材料工业协会科技教委、华南理工大学、国家建筑卫生陶瓷质量监督检验中心、北京国建联信认证中心有限公司、佛山市质量计量检测中心、佛山鹰牌陶瓷股份有限公司、广东新中源陶瓷有限公司、广东唯美陶瓷有限公司、上海斯米克建筑陶瓷股份有限公司、杭州诺贝尔集团有限公司、佛山欧神诺陶瓷有限公司、佛山市嘉俊陶瓷有限公司、广东宏陶陶瓷有限公司、佛山出入境检验检疫局检验检疫综合技术中心、国家建筑装修材料质量监督检验中心、广东省佛山市质量技术监督标准与编码所、潮州市陶瓷行业协会、佛山市兴辉陶瓷有限公司、佛山市金舵陶瓷有限公司、广东东鹏陶瓷有限公司等单位。审议会在充分讨论、认真听取不同意见的基础上，对标准的名称、分类、尺寸、厚度、关键技术指标要求等取得了一致意见，形成了标准送审稿，连同调研报告、起草说明、审议会会议纪要等一并上报国标委。

2009年3月9日，国标委发布公告（2009年第2号（总第142号）），批准并发布了《陶瓷板》（GBT 23266—2009）标准，于2009年11月5日开始实施。《陶瓷板》（GBT 23266—2009）包括：范围，规范性引用文件，术语和定义，要求，试验方法，检验规则和标志、包装、运输、储存、使用说明等共8部分31项内容，具体内容参见附件1。

五、标准的创新点

《陶瓷板》对产品的表面质量、尺寸、吸水率、强度、耐磨性、抗热震性、抗冻性、摩擦系数、光泽度、耐污染性、耐化学腐蚀性、铅镉溶出量、放射性、防滑性、弹性限度、防滑坡度等16个项目提出了要求。

1. 为保证产品的特点，规定厚度≤6mm，这是陶瓷板最主要特征。

2. 破坏强度和断裂模数：确定破坏强度指标时考虑了产品的厚度影响。考虑到产品的用途和现有产品的特性，将现已工业化生产的瓷质板和陶质板以4mm为界，按厚度规定了破坏强度，根据试验验证结果，规定不＞4mm的最低破坏强度为400N，不小于4mm的瓷质板破坏强度不小于800N，陶质板不＜600N；而对于目前正在中试阶段的炻质板，没有按厚度分，标准体现为超前性。

3. 弹性限度是陶瓷板区别于陶瓷砖的特有指标，根据产品的特性和使用要求，本标准提出了弹性限度的要求，弹性限度不＜12mm。该技术要求沿用了建材行业标准《纤维陶瓷板》的规定。对挤压和干压产品的验证试验结果均表明，两类产品均可达到此要求。

4. 防滑性考虑了到产品用于潮湿地面环境时的安全使用性，首次在建筑陶瓷饰面材料标准中提出了防滑性技术要求，规定陶瓷板的防滑坡度≥12°。技术指标和试验方法是等同采用了德国DIN标准。并考虑人体重量的影响，规定了试验者所施加的重量在75±5kg范围内。

六、标准的实施情况

《陶瓷板》标准发布后，在行业引起了极大的反响，行业也迅速掀起了陶瓷砖薄型化的热潮。经过5年多的发展，陶瓷板的生产企业由起初的两三家发展到现在的7~8家，产量由原来的几千平方米发展到现在的近500万m²。更为重要的是，通过陶瓷板产品和标准的开发，带动了陶瓷砖薄型化的发展，不但常规陶瓷砖实现了减薄，而且内墙砖、外墙砖都实现了减薄，还直接催生了《薄型陶瓷砖》（JC/T 2195—2013）标准的制定和发布实施。另外受《陶瓷板》标准的影响，在新修订发布实施的《陶瓷砖》（GB/T 4100—2015）标准中，加入了陶瓷砖的限厚条款。以上陶瓷板产品、减薄后的陶瓷砖，按2014年陶瓷砖产量102.3亿m²，至少节约矿物质原料1000万t以上。可以说，陶瓷板产品和标准开创了陶瓷砖产业的节约资源、节能减排的先河。

正因为《陶瓷板》标准的创新和引领作用，该标准获得2014年度国家质量监督检验检疫总局、国家标准化管理委员会颁布的"中国标准创新贡献奖"三等奖，是建材行业仅有的两个获奖标准之一，得此荣誉实属不易。

第二节

编制《建筑陶瓷薄板技术应用规程》

依据国家住房与城乡建设部有关新产品的要求，2008年开始，以广东蒙娜丽莎新型材料集团有限公司为首的一批企业联合进行《建筑陶瓷薄板应用技术规程》的起草工作。当时的工作主要是立项、找工程案例、规程的起草编写。工程案例首先找到杭州市的"杭州生物医药科技创业基地"的三幢大楼的幕墙工程，最高一幢是高129.9m，大楼业主对大楼建设具有先进远见，正寻找一种节能环保的新幕墙材料，听说陶瓷板的情况后，两次专程到广东蒙娜丽莎新型材料集团有限公司考察选用。当时，在没有应用技术规程的情况下，2008年11月由浙江省建设厅聘请一批专家对陶瓷板在该工程的幕墙应用进行专题论证，获得通过。

《建筑陶瓷薄板应用技术规程》的编制工作由国家住房和城乡建设部（后简称住建部）标准定额研究所和建筑工程行业标准归口单位中国建筑科学研究院负责。规程的起草由北京新型材料设计研究院及一批行业专家负责。规程的审查由中国建筑设计研究总院顾问总工程师叶耀先及一批高级专家负责。在各方的密切配合和努力下，住建部于2009年发布实施《建筑陶瓷薄板应用技术规程》（JGJ/T 172—2009）。

在《建筑陶瓷薄板应用技术规程》（JGJ/T 172—2009）实施后的一年时间里，在应用中发现许多不足的地方，于是由主编单位提出对规程的修订建议。2010年8月成立修订筹备组，2011年3月8日在佛山市召开编制工作会议，2011年10月13日在北京召开送审稿审查会议，达成一致意见。主要是1. 技术资料齐全，符合规定；2. 规程的适用范围扩展到非抗震设计的幕墙工程；3. 为陶瓷饰面工程发展提供了技术依据；4. 规程内容全面，技术可靠。国家住房与城乡建设部于2012年3月15日发布《建筑陶瓷薄板应用技术规程》（JGJ/T 172—2012），于2012年8月1日实施。

一、编制《建筑陶瓷薄板技术应用规程》（JGJ/T 172—2009）

1. 标准制订任务来源

作为国家"十五"科技攻关计划"大规格超薄建筑陶瓷砖产业化技术开发"课题的配套工程，行业标准《建筑陶瓷薄板应用技术规程》的编制项目由北京新型材料建筑设计研究院有限公司和广东蒙娜丽莎陶瓷有限公司联合提出申请立项计划，经国家住房和城乡建设部审批同意，下达立项计划（建标

[2008]102号），并以合同形式（合同号2008–1–131）安排由北京新型材料建筑设计研究院有限公司和广东蒙娜丽莎陶瓷有限公司共同起草，由中国建筑科学研究院负责归口，计划2008年底完成。

2. 编制工作概况

（1）2007年12月，成立编制筹备组，申请项目立项。确定《建筑陶瓷薄板应用技术规程》行业标准编制组名单并明确起草任务。

（2）2008年1月，编制组开始收集相关的国内外资料，酝酿条文和条文说明草稿，并对框架条文和相关条文说明进行讨论，形成规程初稿。

（3）2008年3月，编制组通过与生产、施工等各方协调，完成相关产品安装的测试试验，得出试验结论。

（4）2008年7月，召开编制组成立暨第一次工作会议，确定人员分工，编制工作大纲和工作进度计划，讨论条文和条文说明初稿并布置下一步补充研究工作内容，确定工作方案。

（5）2008年8月，完成补充研究工作，召开编制组第二次工作会议，形成规范征求意见稿及条文说明。

（6）2008年8月，以书面和网上公示的形式征求意见函到各设计、施工、高校单位及科研院所征求意见。

（7）2008年9月，召开编制组第三次工作会议，在采纳和部分采纳反馈意见的基础上，经过修改和完善，形成行业标准《建筑陶瓷薄板应用技术规程（送审稿）》和送审文件，提交标准审查会讨论。

（8）2008年10月召开编制组第四次工作会议，对送审稿及其条文说明进行逐条修改，形成规程报批稿及其条文说明。

3. 标准特点及发布

《建筑陶瓷薄板应用技术规程》（后简称《规程》）内容全面、技术可靠，达到国内先进水平，并填补了国内该领域的空白；从建筑陶瓷薄板的技术性能和施工工艺出发，对设计、材料、施工和验收等方面均作了定性、定量的明确规定，为建筑陶瓷薄板的工程应用提供了实施依据，总结并借鉴工程实践经验，准确定位了建筑陶瓷薄板的应用技术特点和适用范围，为陶瓷饰面工程的进一步转型与发展奠定了基础。《规程》的编制和发布实施，将成为建筑陶瓷薄板市场发展应用的契机，可以更快更好地推动建筑陶瓷薄板向产业化、规模化、市场化发展。

尚待总结更多的工程实例经验对建筑陶瓷薄板在建筑外立面上的工程应用加以改进和完善；在节能保温材料不断更新的情况下，在外墙外立面部位应用建筑陶瓷薄板，其工程做法和施工工艺尚待实践检验。

2009年3月15日，国家住房和城乡建设部发布了《建筑陶瓷薄板应用技术规程》（JGJ/T 172—2009），2009年7月1日实施。《建筑陶瓷薄板应用技术规程》（JGJ/T 172—2009）包括总则、术语、材料、设计、施工、质量验收、本规程用词说明、本规程引用标准目录和条文说明等共九个部分。具体内容参见附录。

二、编制《建筑陶瓷薄板技术应用规程》（JGJ/T 172—2012）

1. 标准修订任务来源

根据住房和城乡建设部建标[2011]17号文《关于印发<2011年工程建设标准规范制订、修订计划>的通知》的要求，由北京新型材料建筑设计研究院有限公司和广东蒙娜丽莎新型材料集团有限公司会同有关单位共同进行行业标准《建筑陶瓷薄板应用技术规程》（以下称《规程》）的修订工作，由中国建筑科学研究院负责归口，计划2011年底完成。

2. 编制工作概况

（1）2010年8月，成立标准修订筹备组，申请项目立项。确定《建筑陶瓷薄板应用技术规程》行业标准修订组名单并明确起草任务。

（2）2011年3月8日，召开第一次编制组工作会议。确定修订的主要内容为：将本标准的适用范围从原来的建筑陶瓷薄板在内、外墙面等粘贴饰面工程的应用，扩展到建筑陶瓷薄板在内、外墙面等非粘贴饰面工程的应用（其中包括室外24m以上的建筑幕墙和干挂饰面工程），增加建筑陶瓷薄板应用于非粘贴饰面工程（包括干挂等施工工艺）所涉及的相关设计、施工、验收和保养维护等环节的内容。确定了修订的工作进度和工作大纲，明确了修订组人员的分工。

（3）2011年3月，修订组开始整理并补充本次修订内容所涉及内容的相关试验报告和试验数据，完成并完善建筑陶瓷薄板在内、外墙面等非粘贴饰面工程（主要是幕墙工程）的应用所涉及的相关结构设计计算、检测和实验工作。修订组着手开始酝酿条文和条文说明草稿，并对框架条文和相关条文说明进行了讨论，经顾问组审查把关，形成规程初稿。

鉴于建筑幕墙工程的安全性非常重要，为了保证此次修订的科学性和安全性，修订组专程就本标准向中国建筑标准研究院顾泰昌总工程师和中国建筑科学研究院赵西安教授级高级工程师以及中国建筑设计研究院叶耀先顾问总工程师征询专家意见。

（4）2011年6月完成补充研究工作，召开修订组第二次工作会议。会议对规程初稿的条文和条文说明进行了逐条讨论和反复验证，最后形成了规程的征求意见稿和条文说明。

（5）2011年7月，以书面和网上公示的形式征求意见。分别向上海建筑科学研究院、北京五合国际建筑设计咨询有限公司、广东省城乡规划设计研究院、南京市建设委员会、同济大学龙、中冶建筑研究总院有限公司、深圳市建筑设计研究总院、北京市建筑设计研究院、中国中元国际工程公司、清华大学建筑设计研究院、翰时国际建筑设计咨询有限公司、上海市建筑科学研究院等单位和科研院发出征求意见函。

（6）2011年9月完成专家意见汇总整理，召开修订组第三次工作会议。会议在采纳和部分采纳反馈意见的基础上，经过修改和完善，形成行业标准《建筑陶瓷薄板应用技术规程（送审稿）》和送审文件，提交标准审查会讨论。

（7）2011年10月，召开规程审查会议，对标准送审稿进行逐条审查，并形成规程送审稿审查会议纪要。

（8）2011年10月底召开编制组第四次工作会议，编制组根据审查会议纪要，对送审稿及其条文说明进行逐条修改，形成规程报批稿及其条文说明。

3．标准特点及发布

《规程》内容全面、技术可靠，填补了国内的空白；本次修订主要将原规程的适用范围扩展到非抗震设计和抗震设防烈度为6、7、8度的陶瓷薄板幕墙工程；对设计、材料、施工和验收等方面均作了明确的技术规定，可操作性较强，为陶瓷饰面工程的进一步发展提供了技术依据；准确定位了建筑陶瓷薄板的应用技术特点和适用范围，为陶瓷饰面工程的进一步转型与发展奠定了基础。《规程》的编制和发布实施，将成为建筑陶瓷薄板市场发展应用的契机，可以更快更好地推动建筑陶瓷薄板向产业化、规模化、市场化发展。

尚待总结更多的工程实例经验对建筑陶瓷薄板在建筑外立面上的工程应用加以改进和完善；在节能保温材料不断更新的情况下，在外墙外立面部位应用建筑陶瓷薄板，其工程做法和施工工艺尚待实践检验。

住房和城乡建设部以公告第1331号批准、发布了《建筑陶瓷薄板应用技术规程》（JGJ/T 172—2012）为行业标准，自2012年8月1日起实施。原《建筑陶瓷薄板应用技术规程》JGJ/T 172—2009同时废止。《建筑陶瓷薄板应用技术规程》（JGJ/T 172—2012）的主要技术内容包括总则、术语和符号、材料、粘贴设计、陶瓷薄板幕墙设计、加工制作、安装施工、工程验收和保养与维护等。

第三节

建筑陶瓷薄板和轻质陶瓷板工程应用参考图集

2014年2月，由中国建筑标准设计研究院、广东蒙娜丽莎新型材料集团有限公司和北京金易格新能源科技有限公司主编制的国家建筑标准设计参考图集《建筑陶瓷薄板和轻质陶瓷板工程应用 幕墙、装修》（统一编号：CJCT-071、图集号：13CJ43）（ISBN 987-7-80242-947-5）一书由中国计划出版社出版。

本图集根据行业标准《建筑陶瓷薄板应用技术规程》（JGJ/T 172—2012）和广东蒙娜丽莎新型材料集团有限公司提供的技术资料及其检验报告等为基础编制。

本图集内容包括：（1）隐框陶瓷薄板幕墙（勾边、打胶）、轻质陶瓷板幕墙相关节点详图；（2）明框陶瓷薄板幕墙和单元式陶瓷薄板幕墙相关节点详图；（3）隐框陶瓷薄板幕墙相关节点详图；（4）建筑陶瓷薄板和轻质陶瓷板室内地面、室内外墙面粘贴做法相关节点详图；（5）广东蒙娜丽莎新型材料集团有限公司生产的陶瓷薄板和轻质陶瓷板幕墙加劲肋做法、节能设计及计算、工程实例等。

本图集体现了新产品、新技术、新材料在建筑工程中的应用，从材料生产到建筑应用符合节能环保的要求。

本图集供建筑设计、幕墙设计及制作、安装和质量验收人员参考使用。施工图设计需依据相关现行国家标准进行设计，以保证工程质量。

这是中外首部建筑陶瓷薄板和轻质陶瓷板工程应用（幕墙、装修）参考图集，这是因为陶瓷板作为幕墙与装饰材料是近年来的新鲜事。

Chapter 04

我国建筑幕墙标准化的发展

我国建筑幕墙的发展以1983年北京长城饭店第一个玻璃幕墙的兴建为标志。最初的幕墙产品主要为框架式幕墙。经过30多年的发展，从框架式幕墙已经发展到包括点支撑幕墙、全玻幕墙、单元式幕墙、单索及网索幕墙、双层幕墙、瓷板幕墙、陶板幕墙、微晶玻璃幕墙、石材蜂窝板幕墙、高压热固化木纤维板幕墙和纤维增强水泥板幕墙等的多种类型的、较为先进完整的建筑幕墙标注化体系。

　　根据中国建筑金属结构协会铝门窗幕墙委员会开展的行业数据统计表明，2003年至2013年，我国建筑幕墙总产值为10288.7亿元，年平均增长率为13.08%，已建幕墙总量为世界幕墙的60%，我国已经发展成为世界第一幕墙生产大国和使用大国。

第一节

我国建筑幕墙标准化的现状

本节重点介绍我国建筑幕墙标准化的发展历程、已建立起的标准体系和在编及即将实施的建筑幕墙标准。

一、建筑幕墙标准化的发展历程

我国建筑幕墙标准化的发展历程可分为初级发展阶段、稳固发展阶段和快速发展阶段等三个阶段。

1. 建筑幕墙标准化的初级阶段

1991年，建设部下达编制《玻璃幕墙工程技术规范》和《建筑幕墙》的通知（建标[1991]第413号文）。1994年，由中国建筑科学研究院主编的《建筑幕墙物理性能分级》（GB/T 15225—94）、《建筑幕墙空气渗透性能检测方法》（GB/T 15226—94）、《建筑幕墙风压变形性能检测方法》（GB/T 15227—94）、《建筑幕墙雨水渗透性能检测方法》（GB/T 15228—94）四项标准发布，1995年8月1日，四项重要的建筑幕墙国家标准开始实施，标志着建筑幕墙"三性"检测有了依据。

1996年7月30日，建设部发出"关于发布行业标准《玻璃幕墙工程技术规范》（JGJ 102—1996）的通知"（建标[1996]447号），同日公布《建筑幕墙》（JG 3035—1996），自1996年12月30日起施行。1997年，建设部建标[1997]171号文件要求编制《金属与石材幕墙工程技术规范》。

2. 建筑幕墙标准化的稳固发展阶段

首批幕墙标准规范使我国的幕墙行业迅速走上了快速、健康发展之路，加速了国内建筑幕墙产品标准、技术规范的修订和编制工作。

建筑幕墙的抗震性能也是非常重要的指标，由于地震和风力的作用，使幕墙产生平面内和平面外的位移，而平面外的位移可由幕墙上下连接部位的转动及幕墙的变形充分吸收，并且在平面外方向和风力相比，由于地震作用产生的位移小得多，也就是说平面内的错动是对幕墙造成震害的主要原因。因此，可以平面内层间相对位移来表征幕墙的抗震性能，而更直接的方法是采用振动台试验方法。2000年，中国建筑科学研究院主编了《建筑幕墙平面内变形性能检测方法》GB/T 18250—2000，2001年中国建筑金属结构协会、同济大学主编了《建筑幕墙抗震性能振动台试验方法》（GB/T 18575—2001）。在建设部统一领导和组织下，先后又颁发了《玻璃幕墙光学性能标准》（GB/T 18091—2000）、《金属与石材幕墙工程技术规范》（JGJ 133—2001）、《玻璃幕墙工程质量检验标准》（JGJ139—2001）。这些标准的发布使我国幕墙技术标准形成了一个比较完整的标准化体系。

与此同时，一些地方政府也出台了地方标准。例如：上海市标准《建筑幕墙工程技术规程　玻璃幕墙分册》（DBJ 08-56-1996）、四川省地方标准《建筑幕墙技术规程》（DB 56/5008—1994）。一些协会也出台了有关标准。如中国工程建设标准化协会标准《点支式玻璃幕墙工程技术规程》（CECS 127：2001）、上海市工程建设标准化办公室推荐的上海市建筑产品推荐性应用标准《全玻璃幕墙工程技术规程》（DBJ/CT 014—2001）等。与幕墙有关的设计规范《建筑结构荷载规范》、《建筑抗震设计规范》、《钢结构设计规范》、《冷弯薄壁型钢结构技术规范》等进行了修订，与幕墙有关的材料（铝型材、铝板、密封胶、紧固件、石材）标准也随着这些材料采用新技术、新工艺、展新品种而不断更新。

3. 标准编制的快速发展阶段

随着国内幕墙行业的不断发展，相关理论和经验得以不断积累，一方面市场巨大，各种相对的成熟产品在大规模应用中遇到各种新的问题，既要满足使用者的需求，同时要于国家的产业政策相符。另一方面，各种新技术、新工艺、新材料被广泛应用，国外的技术，甚至包括国外尚不成熟的最新技术，有不少首先在我国市场进行应用，必须加速标准规范的配套工作。第三是幕墙与传统的建筑材料概念已经发生了很大的变化，涉及材料、工艺、结构、施工等多种行业，材料力学、结构力学、热工、机械多种学科的综合性产业。因此，为了保证产品的质量能够符合建筑的要求，迫切需要制定相应的标准、规范。

然而根据以往的经验，依靠企业自行申报、制定标准存在一定的局限性，很难从宏观发展的角度根据市场需要系统制定具有实用价值的幕墙标准体系，为了实现这一目标，需要建立一支高技术水平、配套完善的稳定的编制队伍，为之进行配套服务，确保及时、准确地贯彻政策性的标准规划的实施。同时标准的编制应与国际接轨，目前我国标准的采标率很低，存在陈旧老化、总体技术水平不高、体系结构不合理等一系列问题。为尽快建立先进科学、适应市场需求的标准化体系，充分发挥国家标准在国民经济战略性结构调整、促进对外贸易和提高生活水平等方面的技术支承作用，特别是针对幕墙门窗标准与国际接轨，不断完善提高。1999年，成立了建设部建筑制品与构配件产品标准化技术委员会（包含幕墙）；2004年，成立了建设部建筑制品与构配件标准化技术委员会建筑幕墙门窗标准化分技术委员会；2008年，经国家标准化技术委员会批准成立了全国建筑幕墙门窗标准化技术委员会SAC/TC448，目的是要尽快完善幕墙门窗体系的标准化，整合国内的技术资源，为行业服务。标委会成立后，先后完成了国家标准清理、国标整合、新标准申报、标准体系编制等工作，并与ISO/TC162积极合作，完成了由我国编制的第一个幕墙行业国际标准《建筑幕墙术语》。

目前，我国建筑幕墙门窗已建立了包括标准体系、标准制修订计划、标准的推广实施、标准研究与技术支撑的运行机制，积累了丰富的标准化组织管理经验。现在涉及建筑幕墙门窗产品、工程技术、配套产品、原材料、试验方法等国家标准和行业标准已达200多项。这些标准、技术规范既参考了国际标准和发达国家标准的相关内容，又结合了我国国情，相当多的标准和技术规范的科学性、实践性、系统性都达到了国际水平或国际先进水平。在此阶段编制和发布的主要标准有：《建筑幕墙》（GB/T 21086—2007）、《小单元建筑幕墙》（JG/T 216—2007）、《建筑玻璃采光顶》（JG/T 231—2007）、《建筑幕墙用瓷板》（JG/T 217—2007）、《建筑门窗玻璃幕墙热工计算规程》（JGJ/T 151—2008）、《建筑幕墙用铝塑复合板》（GB/T 17748—2008）、《建筑幕墙用高压热固化木纤维板》（JG/T 260—2009）、《建筑门窗、幕墙用密封胶条》（GB/T 24498—2009）、《建筑幕墙用陶板》（JG/T 324—2011）、《建筑装饰用石材铝蜂窝复合板》（JG/T 328—2011）、《外墙用非承重纤维增强水泥板》（JG/T 396—2012）、《建筑幕墙保温性能分级及检测方法》（GB/T 29043—2012）、《建筑幕墙和门窗抗风携碎物冲击性能分级及检测方法》（GB/T 29738—2013）、《建筑幕墙动态风压作用下水密性能检测方法》（GB/T 29907—2013）、《玻璃幕墙和门窗抗爆炸冲击波性能分级及检测方法》（GB/T 29908—2013）。

二、建筑幕墙的标准体系

我国建筑幕墙标准体系表包括基础通用方法、管理、产品类标准，但不包含工程类标准，见表4-1。

建筑幕墙标准体系表   表4-1

序号	类别	项目名称
1	基础通用	建筑门窗、幕墙和遮阳装置术语标准
2	基础通用	建筑门窗、幕墙和遮阳装置标志符号
3	方法标准	建筑门窗、幕墙、遮阳产品防盗要求及试验方法
4	方法标准	建筑幕墙和门窗抗风携碎物冲击性能分级及检测方法
5	方法标准	建筑门窗、幕墙漏气位置现场检测方法
6	方法标准	建筑幕墙、门窗传热系数计算方法
7	方法标准	建筑门、窗（幕墙）节能技术条件及评价方法
8	方法标准	建筑门窗、幕墙用中空玻璃露点现场检测方法
9	方法标准	透光围护结构太阳得热系数检测方法
10	方法标准	玻璃幕墙抗爆炸冲击波性能分级及检测方法
11	方法标准	建筑门窗、幕墙防弹体冲击试验方法
12	管理标准	建筑幕墙、门窗采光顶安全使用及维护要求
13	产品标准	建筑幕墙门窗用密封胶通用要求
14	基础通用	建筑幕墙术语
15	方法标准	建筑幕墙气密、水密、抗风压性能检测方法
16	产品标准	建筑幕墙用铝蜂窝复合板
17	产品标准	建筑幕墙用氟碳铝单板制品
18	产品标准	建筑幕墙用陶板

序号	类别	项目名称
19	基础通用	建筑门窗及幕墙用玻璃术语
20	方法标准	建筑幕墙保温性能分级及检测方法
21	方法标准	建筑幕墙防火性能分级及试验方法
22	方法标准	建筑幕墙动压作用下水密性能分级及检测方法
23	方法标准	现场检测双层玻璃幕墙热特性 示踪气体法
24	方法标准	建筑玻璃幕墙粘结构可靠性试验方法
25	方法标准	建筑采光顶气密、水密、抗风压性能检测方法
26	方法标准	建筑采光顶与金属屋面抗风掀性能检测方法
27	产品标准	建筑幕墙门窗检测设备 第1部分：气密、水密、抗风压性能
28	管理标准	建筑幕墙使用和维护要求
29	产品标准	幕墙及采光顶清洗设备
30	基础通用	建筑光伏幕墙门窗 第1部分：术语
31	方法标准	建筑光伏幕墙门窗 第2部分：通用技术要求
32	方法标准	建筑光伏幕墙门窗 第3部分：检测方法
33	管理标准	建筑光伏幕墙门窗 第4部分：运行维护技术要求
34	产品标准	建筑幕墙
35	产品标准	建筑装饰用石材铝蜂窝复合板
36	产品标准	玻璃幕墙光学性能
37	方法标准	建筑幕墙平面内变形性能检测方法
38	方法标准	建筑幕墙抗震性能振动台试验方法
39	产品标准	小单元建筑幕墙组件
40	产品标准	建筑幕墙用铝塑复合板
41	产品标准	建筑玻璃采光顶
42	产品标准	建筑光伏幕墙、门窗、采光顶
43	产品标准	建筑幕墙用化学锚栓
44	基础通用	建筑幕墙门窗五金件 第1部分：术语
45	产品标准	建筑幕墙门窗五金件 第2部分：通用技术要求
46	产品标准	建筑幕墙门窗五金件 第3部分：合页（铰链）
47	产品标准	建筑幕墙门窗五金件 第4部分：滑撑
48	产品标准	建筑幕墙门窗五金件 第5部分：撑挡
49	产品标准	建筑幕墙门窗五金件 第6部分：滑轮
50	产品标准	建筑幕墙门窗五金件 第7部分：锁闭器
51	产品标准	建筑幕墙门窗五金件 第8部分：执手
52	产品标准	建筑幕墙门窗五金件 第9部分：插销
53	产品标准	建筑幕墙门窗五金件 第10部分：固定片
54	产品标准	建筑幕墙门窗五金件 第11部分：手摇开窗器

续表

序号	类别	项目名称
55	产品标准	建筑幕墙门窗五金件 第12部分：锁具
56	产品标准	建筑幕墙门窗五金件 第13部分：闭门器
57	产品标准	建筑幕墙门窗五金件 第14部分：内平开下悬五金系统
58	产品标准	建筑幕墙门窗五金件 第15部分：提升推拉五金系统
59	产品标准	建筑幕墙门窗五金件 第16部分：推拉折叠门五金系统
60	产品标准	建筑幕墙门窗五金件 第17部分：平行推拉下悬门五金系统
61	产品标准	建筑幕墙门窗五金件 第18部分：中悬窗五金件
62	产品标准	建筑幕墙门窗五金件 第19部分：立旋悬窗五金件
63	产品标准	建筑幕墙门窗五金件 第20部分：天窗五金件
64	产品标准	建筑幕墙门窗五金件 第21部分：自由门五金件系统
65	产品标准	建筑幕墙门窗五金件 第22部分：点支承装置
66	产品标准	建筑幕墙门窗五金件 第23部分：钢索压管接头
67	产品标准	建筑幕墙门窗五金件 第24部分：背栓
68	产品标准	建筑幕墙门窗五金件 第25部分：金属挂件
69	产品标准	建筑幕墙门窗五金件 第26部分：门控五金件
70	产品标准	建筑幕墙门窗五金件 第27部分：预埋组件
71	产品标准	建筑门窗、幕墙用密封胶条
72	产品标准	建筑幕墙门窗用毛条
73	产品标准	建筑幕墙门窗用密封胶 第1部分：聚氨酯密封胶
74	产品标准	建筑幕墙门窗用密封胶 第2部分：聚硫建筑密封胶
75	产品标准	建筑幕墙门窗用密封胶 第3部分：丙烯酸酯建筑密封胶
76	产品标准	建筑幕墙门窗用密封胶 第4部分：硅铜结构密封胶
77	产品标准	建筑幕墙门窗用密封胶 第5部分：弹性密封剂
78	产品标准	建筑幕墙用平推窗滑撑
79	产品标准	建筑幕墙用搪瓷钢板
80	产品标准	建筑幕墙用印化钢板
81	产品标准	建筑幕墙用瓷板
82	产品标准	建筑幕墙用复合铝板
83	产品标准	建筑幕墙用电子束固化高压实心板
84	产品标准	建筑幕墙用遮蔽板
85	产品标准	建筑幕墙用纤维增强水泥板
86	产品标准	既有建筑幕墙门窗玻璃用膜 第1部分：节能膜
87	产品标准	既有建筑幕墙门窗玻璃用膜 第2部分：安全膜
88	产品标准	门窗幕墙用纳米涂膜隔热玻璃

三、在编及即将实施的建筑幕墙标准

1. 正在编制的建筑幕墙标准

国家标准《建筑幕墙术语》

行业标准《双层幕墙工程技术规范》

行业标准《光热幕墙工程技术规范》

《建筑幕墙抗震性能振动台试验方法》代替GB/T 18575—2001

《建筑幕墙平面内变形性能检测方法》代替GB/T 18250—2000

《玻璃幕墙光学性能》代替GB/T 18091—2000

《建筑幕墙气密、水密、抗风压性能检测方法》GB/T 15227—2007（修订）

2. 近期发布实施的重要建筑幕墙标准

行业标准《建筑幕墙用平推窗滑撑》JG/T 433—2014

行业标准《建筑幕墙工程检测方法标准》JGJ/T 324—2014

行业标准《建筑门窗幕墙用钢化玻璃》JG/T 455—2014

行业标准《建筑门窗、幕墙中空玻璃性能现场检测方法》JG/T 454—2014

《双层玻璃幕墙热性能检测 示踪气体法》GB/T 30594—2014

行业标准《太阳能光伏玻璃幕墙电气设计规范》JGJ/T 365—2015

行业标准《建筑门窗幕墙用中空玻璃弹性密封胶》JG/T 471—2015

《建筑幕墙、门窗通用技术条件》GB/T 31433—2015

3. 即将发布的工程规范

《玻璃幕墙工程技术规范》（JGJ 102修订—2015）

《金属与石材幕墙工程技术规范》（JGJ 133 修订—2015）

《人造板和幕墙工程技术规范》（JGJ 336—2015）

《既有建筑幕墙可靠性鉴定及加固规程》（JGJ ×××—2015）

第二节

人造板和幕墙工程技术规范（JGJ 336—2015）简介

1. 人造板材幕墙（artificial panel curtain wall）术语

面板材料为人造外墙板的建筑幕墙（除玻璃和金属与天然石材板以外），包括瓷板幕墙、陶板幕墙、微晶玻璃幕墙、石材蜂窝板幕墙、高压热固化木纤维板幕墙和纤维增强水泥板幕墙。

2. 人造板材幕墙的适用范围

规范适用于非抗震设计和抗震设防烈度不大于8度的抗震设计的民用建筑用瓷板、陶板、微晶玻璃板、石材蜂窝复合板、高压热固化木纤维板和纤维水泥板等外墙用人造板材幕墙工程。人造板材幕墙的应用高度不宜超过100m。

鉴于人造板材幕墙面板材料的特性和在超高层建筑中应用的工程经验比较少，因此，本规范对人造板材幕墙工程所适用的抗震设防烈度和应用高度进行了限制。当人造板材幕墙工程的应用高度超过本规范所适用的范围时，应根据工程实际进行专门设计。

3. 幕墙用人造板材的产品标准

除已有《建筑装饰用微晶玻璃》（JC/T 872—2000）外，人造板幕墙规范编制组成员分别主编和参编了下列5项标准：《建筑幕墙用瓷板》（JG/T 217—2007）、《建筑幕墙用高压热固化木纤维板》（JG/T 260—2009）、《建筑幕墙用陶板》（JG/T 324—2011）、《建筑装饰用石材铝蜂窝复合板》（JG/T 328—2011）、《外墙用非承重纤维增强水泥板》（JG/T 396—2012）。

产品标准提供了建筑幕墙工程应用所需的板材弯曲强度、弹性模量、泊松比、吸水率、热及湿膨胀系数、耐化学腐蚀性和耐污染性等性能数据，推动了这些新型幕墙材料的国产化，为《人造板材幕墙工程技术规范》的编制打下了坚实的基础。

4. 人造板材幕墙材料燃烧性能

根据《建筑设计防火规范》（GB 50016—2014）的有关规定，考虑到材料燃烧性能和国内消防设备的可救援高度，《规范》对幕墙主要材料燃烧性能作下述具体规定：

（1）幕墙支承构件和连接件材料的燃烧性能应为A级；

（2）幕墙用面板材料的燃烧性能，当建筑高度＞50m时应为A级；当建筑高度不＞50m时应不低于B1级；

（3）幕墙用保温材料的燃烧性能等级应为A级；

（4）幕墙用防火封堵材料应符合现行国家标准《防火封堵材料》（GB 23864）和《建筑用阻燃密封胶》（GB/T 24267）的规定。

5. 面板支承连接形式

面板支承连接形式多样是人造板材幕墙另一大特点，有6种面板材料与6种支承连接形式。根据材质特性及支承连接承载能力验证试验，分别确定了每种面板所适宜采用的支承连接形式，见表4-2。

面板支承连接形式 表 4-2

	瓷板	陶板	微晶玻璃	纤维水泥板	木纤维板	石材蜂窝板
短挂件	√	√	√			
通长挂件	√	√	√	√		
背栓	√		√	√		
穿透螺钉、铆钉				√	√	
背面切口螺钉					√	
背面预置螺母						√

6. 面板弯曲挠度限值

瓷板、陶板和微晶玻璃为弹性模量较高的脆性材料，并且其使用时的板材截面厚度比较大，面板的刚度较高，因此不需控制其弯曲变形时的挠度。木纤维板、纤维水泥板和石材蜂窝复合板是柔性比较大的材料，均需控制其弯曲变形时的挠度。

第三节

建筑幕墙新图集介绍

一、建筑幕墙新旧规范及图集对比

分别见表4-3、表4-4。

建筑幕墙新旧规范对比   表 4-3

新　　版	旧　　版
《建筑幕墙》（GB/T 21086） 《玻璃幕墙工程技术规范》（JGJ 102—2015）报批稿 《金属与石材幕墙工程技术规范》（JGJ 133—2015）报批稿 《人造板材幕墙工程技术规范》（JGJ 336—2015）报批稿 《建筑幕墙术语》（GB/T ×××）征求意见稿	《建筑幕墙》（JG 3035—1996） 《玻璃幕墙工程技术规范》（JGJ 102—96） 《金属与石材幕墙工程技术规范》（JGJ 133—2001） 《点支式玻璃幕墙工程技术规范》（CECS 127：2001）

建筑幕墙新旧图集对比   表 4-4

新　　版	旧　　版
《建筑幕墙通用技术要求及构造》（13J103—1）	《铝合金玻璃幕墙》（97J103—1）
《构件式玻璃幕墙》（13J103—2）	《点支式玻璃幕墙》（03J103—2）
《点支承玻璃幕墙、全玻幕墙》（13J103—3）	《全玻璃幕墙》（03J103—3）
《单元式幕墙》（13J103—4）	《铝合金单板（框架）幕墙》（03J103—4）
《金属板幕墙》（13J103—5）	《铝塑复合板（框架）幕墙》（03J103—5）
《石材幕墙》（13J103—6）	《蜂窝结构（框架）单元幕墙》（03J103—6）
《人造板材幕墙》（13J103—7）	《石材（框架）幕墙》（03J103—7）
《双层幕墙》（07J103—8）	

二、新版建筑幕墙图集分册 13J103-1～7 内容简介

1. 新编分册 13J103-1《建筑幕墙通用技术要求及构造》内容简介

本图集内容包括：

（1）建筑幕墙的定义、分类及基本构成；

（2）幕墙系统中的横梁、立柱、连接件、五金配件，密封、隔热及绝缘等材料的具体选用要求；

（3）幕墙系统的主要性能指标；

（4）幕墙节能、防火、防水、防雷设计的基本原理、要求与基本构造；

（5）幕墙的维护与清洗；

（6）幕墙与建筑主体结构的连接，横梁、立柱的连接，幕墙与雨棚的连接，幕墙伸缩缝等的构造做法。

其中，建筑幕墙的概念与类型、幕墙完成面到主体结构的距离如图4-1、图4-2所示。

2. 新编分册《构件式玻璃幕墙》13J103—2内容简介

本图集包括构件式明框玻璃幕墙、构件式隐框玻璃幕墙、构件式半隐框玻璃幕墙系统。

介绍了它们的特点、设计要点，给出了标准部位、开启部位、转角部位、与其他材质幕墙相接部位、收边收口等部位的构造详图，并针对不同的气候分区对三种幕墙系统分别进行了节能设计及计算，给出相关热工参数。

1 建筑幕墙的概念与类型

1.1 建筑幕墙的定义

由面板与支承结构体系组成，具有规定的承载能力、变形能力和适应主体结构位移能力，不分担主体结构所受作用的建筑外围护结构或装饰性结构。

1.2 建筑幕墙的基本构成

建筑幕墙的基本构成包括：面板、支承结构体系，连接构造系统，如图1-1。

对于常见的框支承幕墙，其支承结构体系由横梁、立柱组成，连接构造系统包括固定支座、结构胶粘结系统、周边密封等，如图1-2。

1.2.1 面板

面板是幕墙的维护结构，主要承受局部水平风荷载和自重荷载，发挥幕墙遮风挡雨的功能。常用的面板材料有：玻璃、天然石材、金属板材及人造板材。

1.2.2 支承结构体系

支承结构体系是面板与主体结构之间传递荷载的构造体系，如：框支承幕墙的横梁和立柱；点支承幕墙的支撑钢结构、索结构、玻璃肋；全玻璃幕墙的支承玻璃肋梁、肋柱等。

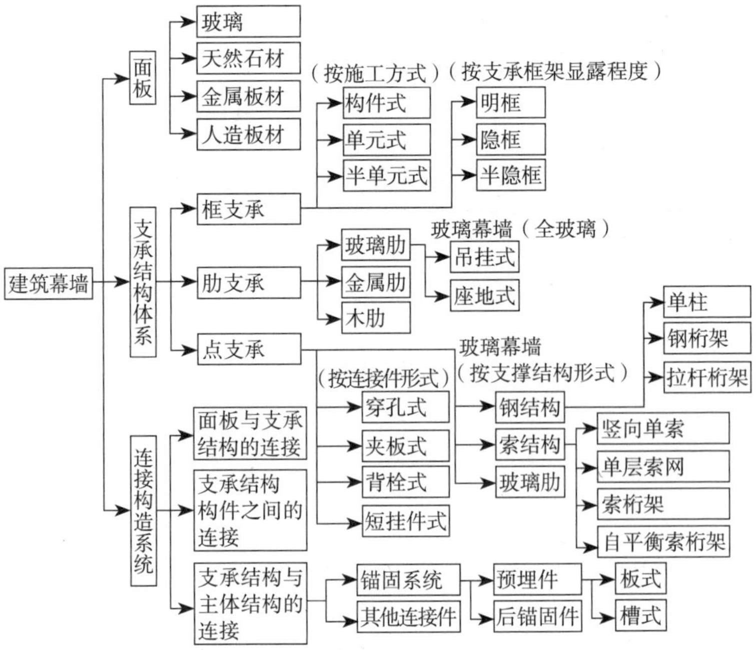

图1-1 建筑幕墙的基本构成示意图

图4-1 建筑幕墙的概念与类型

表1-5至表1-7　常见几种建筑幕墙对幕墙完成面到主体结构面的距离要求
（经验数据仅供参考，具体尺寸根据工程实际情况确定。）

表1-5　构件式玻璃幕墙

项目	幕墙板块宽度（W）	建筑楼层高度（h）	幕墙面板到结构面距离	
			埋件平埋	埋件侧埋
构件式玻璃幕墙	W≤1000mm	h≤3000mm		≥180mm
	1000mm<W≤1200mm			≥200mm
	1200mm<W≤1500mm			≥220mm
	W>1500mm			≥220mm
	W≤1000mm	3000mm<h≤3600mm		≥180mm
	1000mm<W≤1200mm			≥210mm
	1200mm<W≤1500mm			≥230mm
	W>1500mm			≥230mm
	W≤1000mm	h≥3600mm		≥200mm
	1000mm<W≤1200mm			≥220mm
	1200mm<W≤1500mm			≥250mm
	W>1500mm			≥250mm

表1-6　单元式玻璃幕墙

项目	幕墙板块宽度（W）	建筑楼层高度（h）	幕墙面板到结构面距离	
			埋件平埋	埋件侧埋
构件式玻璃幕墙	W≤1000mm	h≤3000mm	≥230mm	≥280mm
	1000mm<W≤1200mm		≥250mm	≥300mm
	1200mm<W≤1500mm		≥280mm	≥320mm
	W>1500mm		≥300mm	≥350mm
	W≤1000mm	3000mm<h≤3600mm	≥230mm	≥280mm
	1000mm<W≤1200mm		≥250mm	≥300mm
	1200mm<W≤1500mm		≥280mm	≥320mm
	W>1500mm		≥300mm	≥350mm
	W≤1000mm	h≥3600mm	≥230mm	≥280mm
	1000mm<W≤1200mm		≥250mm	≥300mm
	1200mm<W≤1500mm		≥280mm	≥320mm
	W>1500mm		≥300mm	≥350mm

表1-7　构件式金属板、石材幕墙

项目	幕墙板块宽度	建筑楼层高度	幕墙面板到结构面距离	
			埋件平埋	埋件侧埋
构件式金属、石材幕墙	W≤600mm	h≤3000mm		≥120mm
	600mm<W≤900mm			≥120mm
	900mm<W≤1200mm			≥150mm
	W>1200mm			≥180mm
	W≤600mm	3000mm<h≤3600mm		≥100mm
	600mm<W≤900mm			≥120mm
	900mm<W≤1200mm			≥180mm
	W>1200mm			≥200mm
	W≤600mm	h≥3600mm		≥120mm
	600mm<W≤900mm			≥150mm
	900mm<W≤1200mm			≥180mm
	W>1200mm			≥200mm

注： 单元式幕墙板块的最小宽度不宜小于600mm，最大宽度不宜大于2400mm。

图4-2　幕墙完成面到主体结构的距离

3. 新编分册《点支承玻璃幕墙、全玻幕墙》13J103—3 内容简介

本图集内容包括：单柱式点支承玻璃幕墙、钢桁架点支承玻璃幕墙、拉杆桁架点支承玻璃幕墙、竖向单索点支承玻璃幕墙、单层索网点支承玻璃幕墙、索桁架点支承玻璃幕墙、自平衡索桁架点支承玻璃幕墙、玻璃肋点支承玻璃幕墙。

4. 新编分册《单元式幕墙》13J103—4 内容简介

本图集介绍了单元式幕墙的适用范围、特点及分类、设计要点，包括明框、隐框、半隐框单元式玻璃幕墙和多种面板材料组合式单元式幕墙系统，给出了标准部位、开启部位、转角部位、收边收口等部位的构造详图，并介绍了单元式幕墙的节能设计及计算，给出相关热工参数。

5. 新编分册《金属板幕墙》13J103—5 内容简介

本图集包括单层金属板（铝板、不锈钢板、钛合金板、彩色涂层金属板等）、复合金属板（铝塑复合板、铝蜂窝复合板、铝合金瓦楞板等）、搪瓷钢板等金属板幕墙系统，介绍了不同材料面板的特点、分类、规格、物理力学性能及面板的连接形式、接缝要求等。分别给出了开放式与封闭式幕墙系统的标准部位、与门窗相接部位、转角部位、收边收口部位、与其他幕墙相接等部位的构造详图，并介绍了金

属板幕墙的节能设计及计算，给出相关热工参数。

6. 新编分册《石材幕墙》13J103—6 内容简介

本图集介绍了石材幕墙的适用范围、石材面板的基本要求、连接形式、加强处理、接缝要求等，包括花岗石、大理石、砂岩、石灰石幕墙系统，给出了标准部位、与门窗相接部位、转角部位、收边收口部位、与其他材质幕墙相接等部位的构造详图，并介绍了石材幕墙的节能设计及计算，给出相关热工参数。

7. 新编分册《人造板材幕墙》13J103—7 内容简介

本图集包括瓷板、陶板、微晶玻璃板、石材蜂窝复合板、高压热固化木纤维板、纤维水泥板幕墙系统，介绍了各种板材的特点、分类、规格、性能，面板的连接形式及接缝要求，分别给出了开放式与封闭式幕墙系统的固定部位、开启部位、与门相接部位、转角部位、收边收口部位、与其他材质幕墙相接等部位的典型构造详图，并介绍了人造板材幕墙的节能设计及计算，给出相关热工参数。

Chapter **05**

图 5-1 宁波万豪酒店

图 5-2 青岛颐中烟厂

图 5-3 天津农行

陶瓷薄板幕墙之所以受业主欢迎和建筑设计师青睐，是因为陶瓷薄板幕墙具有如下特点：

1. 陶瓷薄板幕墙既有天然石材的稳重感、厚重感，又有人造板材的精细感、灵巧感，装饰效果极佳。

2. 陶瓷薄板幕墙不可燃，防火性能极好；陶瓷薄板几乎无放射性，环保性好，环境友好。

3. 陶瓷薄板幕墙无色差，且颜色多样，与天然石材幕墙比具有绝对优势。

4. 陶瓷薄板幕墙既可采用明框方式，也可采用隐框方式，由于陶瓷薄板吸水率极低，因此陶瓷薄板幕墙没有天然石材通常吸尘、细水、吸油的缺点，因此陶瓷薄板幕墙表面非常干净，装饰效果显著。

内板外挂是建筑幕墙的发展趋势之一，如压花玻璃原本是内装用玻璃，现如今已作为玻璃幕墙面板应用，且建筑装饰效果独特，图5-1所示是宁波万豪酒店，采用的就是压花玻璃。

U形玻璃原本用于室内隔断，目前已广泛地应用于外墙，图5-2所示是应用U形玻璃的青岛颐中烟厂。

陶瓷薄板通常用于室内墙面、地面装饰，现如今正应用于外幕墙上，图5-3所示是陶瓷薄板幕墙。

第一节

················

陶瓷薄板幕墙结构设计

陶瓷薄板幕墙的结构设计应按《建筑陶瓷薄板应用技术规程》（JGJ/T172）及相关标准规范进行，设计计算方法及步骤如下：

一、荷载计算

1. 对于围护结构，作用在幕墙上的风荷载标准值按下式计算：

$$W_k = \beta_{gz} \cdot \mu_{sl} \cdot \mu_z \cdot W_0$$

式中：W_k——作用在幕墙上的风荷载标准值（kN/m^2）;

β_{gz}——考虑瞬时风压的阵风系数（依据《建筑结构荷载规范》GB50009—2012中的表8.6.1要求选取）

μ_{sl}——局部风荷载体型系数，（对墙面，取-1.0，对墙角边，取-1.4，对封闭式建筑物，内表面局部体型系数按外表面风压的正负情况取-0.2或0.2；对于檐口、雨篷、遮阳板、边棱处的装饰条等突出构件，取-2.0）

μ_z——风压高度变化系数；（依据《建筑结构荷载规范》GB50009—2012中的表8.2.1要求选取）

W_0——基本风压，kN/m^2

计算非直接承受风荷载的围护构件风荷载时，局部体型系数μ_{sl}可按构件的从属面积折减

$\mu_{sl}(A) = \mu_{sl}(1) + (\mu_{sl}(25) - \mu_{sl}(1)) \log A / 1.4$

$\mu_{sl}(A)$—局部风压体形系数可按面积的对数线性插值计算；

$\mu_{sl}(1)$—围护构件的从属面积小于或等于$1m^2$时的局部风压体形系数，依据《建筑结构荷载规范》GB50009—2012表8.3.3和8.3.1条规定体型系数的1.25倍取值；

$\mu_{sl}(25)$—围护构件的从属面积＞$25m^2$时的局部风压体形系数，$\mu_{sl}(25) = \mu_{sl}(1) \times 0.8$;

A—幕墙构件的面积（m^2）;

对于工程围护结构设计用风荷载参考《建筑结构荷载规范》GB 50009—2012，对于高层建筑和重要建筑，风荷载是主要的外力作用，在建筑物的有效使用期限内，幕墙不应由于风荷载而损坏。

2. 地震作用按下式计算

$$S_{Ek} = \beta_E \cdot \alpha_{max} \cdot G_k$$

式中：S_{Ek}——作用于幕墙平面外水平地震作用（kN）；

G_k——幕墙构件的重量（kN）；

β_E——动力放大系数，取5.0。（依据JGJ102—2003和JGJ133—2001要求）

α_{max}——水平地震影响系数最大值，按相应设防烈度和设计基本地震加速度取定：

6度（设计基本地震加速度为0.05g）：α_{max}=0.04

7度（设计基本地震加速度为0.10g）：α_{max}=0.08

7度（设计基本地震加速度为0.15g）：α_{max}=0.12

8度（设计基本地震加速度为0.20g）：α_{max}=0.16

8度（设计基本地震加速度为0.30g）：α_{max}=0.24

9度（设计基本地震加速度为0.40g）：α_{max}=0.32

3. 荷载的传递

荷载的组合作用 ——→ 幕墙的外装饰板块 ——→ 横、竖 龙骨 ——→ 连接件（支座）——→ 埋件 ——→ 主体结构

4. 荷载分项系数和组合系数的确定

根据《建筑结构荷载规范》（GB50009—2012）及《建筑陶瓷薄板应用技术规程》（JGJ/T172）之精神，各分项系数和组合系数选择如下：

（1）强度计算时

分项系数　　　　　　　　　　组合系数

永久荷载，γ_G取1.2（永久荷载起控制作用时，γ_G取1.35）

风荷载，γ_W取1.4　　　　　风荷载，ψ_W取1.0

地震作用，γ_E取1.3　　　　　地震作用，ψ_E取0.5

（2）刚度计算时

分项系数　　　　　　　　　　组合系数

均按1.0采用　　　　　　　　　风荷载，ψ_W取1.0

5. 荷载和作用效应按下式进行组合

$$S = \gamma_G S_G + \psi_W \gamma_W \gamma_L S_W + \psi_E \gamma_E S_E$$

式中：S——荷载和作用效应组合后的设计值；

S_G——重力荷载作为永久荷载产生的效应；

S_W, S_E——分别为风荷载，地震作用作为可变荷载产生的效应；

$\gamma_G, \gamma_W, \gamma_E$——各效应的分项系数；

γ_L——活荷载调整系数，结构设计使用年限按50年时取1.0；

ψ_W,ψ_E——分别为风荷载，地震作用效应的组合系数。

二、计算模型的选用

框支承幕墙竖框根据支撑条件的不同可以分成以下两类，在模型上施加等效线性均布荷载．附图澄清其中的不同之处（图5-4）：

Type-A 双跨连续梁

Type-B 单跨简支梁

Type-C 单支点铰接多跨梁

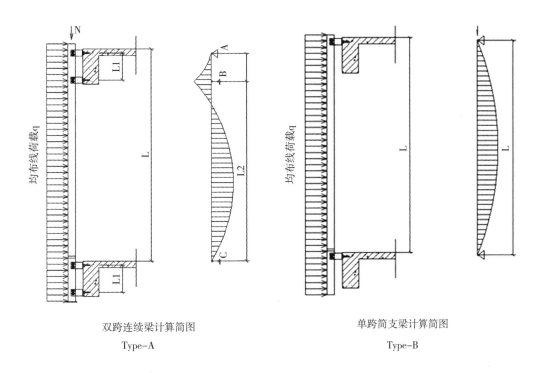

双跨连续梁计算简图

Type-A

单跨简支梁计算简图

Type-B

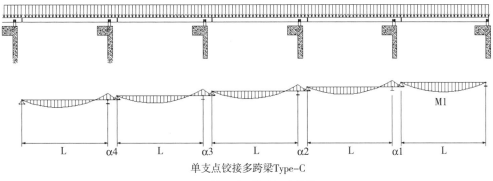

单支点铰接多跨梁Type-C

图5-4 等跨铰接静定梁计算简图

1. 强度计算

竖框 type-B（单跨简支梁）上的弯曲应力可以按下式计算：

$$\sigma = M/W$$

式中：M 为作用在竖框type-B上的最大弯矩，由下列计算公式决定：

$$M = q \times L_2/8$$

其中：q——承载力极限状态的均布荷载。

L——竖框有效长度。

W——截面抗弯摸量。

竖框 type-A上的弯曲应力计算与type-B相同除了最大弯矩：

$$M = q \cdot (L_1^3 + L_2^3)/8 \times L$$

式中：L_1 为短跨的长度

L_2 为长跨的长度

q 为承载力极限状态组合的均布荷载。

2. 刚度计算

竖框 type-B 的挠度计算公式同横框

$$f = 5q \cdot L^4/384EI$$

竖框 type-A的最大挠度可以按照下式计算：

$$f = \Phi \cdot 5q \cdot L^4/384EI$$

式中：Φ 为等效系数（相同条件下双跨梁挠度与简支梁挠度比），见表5-1。

q为正常使用极限状态组合的线性均布荷载

等效系数 Φ 表5-1

短跨长跨长度比：L_1/L_2	长跨 L_2 的挠度系数	短跨长跨长度比：L_1/L_2	长跨 L_2 的挠度系数
1/10	0.318	6/10	0.084
2/10	0.244	7/10	0.064
3/10	0.187	8/10	0.048
4/10	0.144	9/10	0.036
5/10	0.110	1	0.026

框支承幕墙横框的设计，依据规范采用"简支梁"计算模型（图5-5）。

陶瓷薄板板块的设计，依据规范采用"四边支撑板"计算模型（有特殊要求的板块计算时会在计算模型中指出）（图5-6）。

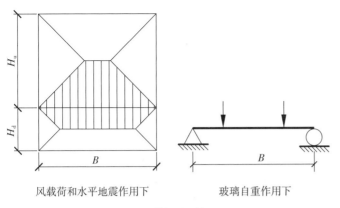

风载荷和水平地震作用下	玻璃自重作用下

图 5-5 横框受力简图

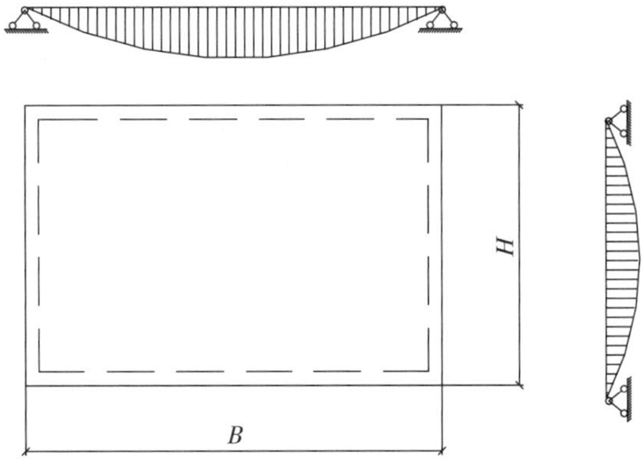

图 5-6 玻璃和铝板板面计算简图

3. 常用材料的力学及其物理性能（表 5-2 ~ 表 5-14）

陶瓷薄板强度设计值（N/mm²）   表 5-2

材料种类	带釉陶瓷薄板	无釉陶瓷薄板
弯曲强度设计值 f_{cb}	18	23

铝合金型材的强度设计值（N/mm²）   表 5-3

铝合金牌号	状态	壁厚（mm）	强度设计值 f_a		
			抗拉、抗压强度 f_a^t	抗剪强度 f_a^v	用于螺栓连接承压强度 f_c^b
6063	T5	不区分	90	55	185
	T6	不区分	150	85	240
6063A	T5	≤ 10	135	75	220
		> 10	125	70	220
	T6	≤ 10	160	90	255
		> 10	150	85	255
6061	T4	不区分	90	55	210
	T6	不区分	200	115	305

钢材的强度设计值（N/mm²）   表 5-4

钢材		抗拉、抗弯、抗压强度 f	抗剪强度 f_v	端面承压强度 f_{ce}
牌号	厚度或直径 d（mm）			
Q235	≤ 16	215	125	325
	16 < d ≤ 40	205	120	
	40 < d ≤ 60	200	115	
	40 < d ≤ 60	190	110	
Q345	≤ 16	310	180	400
	16 < d ≤ 35	295	170	
	35 < d ≤ 50	265	155	
	50 < d ≤ 100	250	145	

冷成形薄壁型钢的强度设计值（N/mm²）　　　　　表 5-5

钢材牌号	抗拉、抗压、抗弯	抗剪	端面承压（磨平顶紧）
Q235	205	120	310
Q345	300	175	400

常用不锈钢型材和棒材的强度设计值（N/mm²）　　　　表 5-6

牌号		屈服强度标准值 $R_{0.2}$	抗拉强度	抗剪强度	端面承压强度
06Cr19Ni10	S30408	205	178	104	246
06Cr19Ni10N	S30458	275	239	139	330
022Cr19Ni10	S30403	175	152	88	210
022Cr19Ni10N	S30453	245	213	124	294
06Cr17Ni12Mo2	S31608	205	178	104	246
06Cr17Ni12Mo2N	S31658	275	239	139	330
022Cr17Ni12Mo2	S31603	175	152	88	210
022Cr17Ni12Mo2N	S31653	245	213	124	294

结构硅酮密封胶的强度 f_1、f_2（N/mm²）　　　　表 5-7

结构硅酮密封胶短期强度允许值 f_1	0.2N/mm²
结构硅酮密封胶长期强度允许值 f_2	0.01N/mm²

材料的弹性模量 E（N/mm²）　　　　表 5-8

材料	E	材料	E
陶瓷薄板	0.65×10^5	不锈钢绞线	$1.2 \times 10^5 \sim 1.5 \times 10^5$
消除应力的高强钢丝	2.05×10^5	高强钢绞线	1.95×10^5
钢、不锈钢	2.06×10^5	钢丝绳	$0.8 \times 10^5 \sim 1.0 \times 10^5$

材料的泊松比 υ　　　　表 5-9

材料	υ	材料	υ
陶瓷薄板	0.17	钢、不锈钢	0.3
铝合金	0.3	高强钢丝、钢绞线	0.3

材料的膨胀系数 α（1/℃）　　　　表 5-10

材料	α	材料	α
陶瓷薄板	0.5×10^{-5}	不锈钢板	1.80×10^{-5}
铝合金	2.35×10^{-5}	混凝土	1.00×10^{-5}
钢材	1.20×10^{-5}	砖砌体	0.50×10^{-5}

材料的重力密度 γ_g（kN/m³）　　　　　表 5-11

材料	γ_g	材料	γ_g
陶瓷薄板	23.8	矿棉	1.2~1.5
		玻璃棉	0.5~1.0
钢材	78.5	岩棉	0.5~2.5
铝合金	28.0		

螺栓连接的强度设计值（N/mm²）　　　　　表 5-12

螺栓的性能等级 锚栓和构件钢材的牌号		普通螺栓						锚栓	承压型连接高强度螺栓		
		C 级螺栓			A、B 级螺栓						
		抗拉	抗剪	承压	抗拉	抗剪	承压	抗拉	抗拉	抗剪	承压
		f_t^b	f_v^b	f_c^b	f_t^b	f_v^b	f_c^b	f_t^b	f_t^b	f_v^b	f_c^b
普通螺栓	4.6、4.8 级	170	140	–	–	–	–	–	–	–	–
	5.6 级	–	–	–	210	190	–	–	–	–	–
	8.8 级	–	–	–	400	320	–	–	–	–	–
锚栓	Q235 钢	–	–	–	–	–	–	140	–	–	–
	Q345 钢	–	–	–	–	–	–	180	–	–	–
承压型连接高 强度螺栓	8.8 级	–	–	–	–	–	–	–	400	250	–
	10.9 级	–	–	–	–	–	–	–	500	310	–
构件	Q235 钢	–	–	305	–	–	405	–	–	–	470
	Q345 钢	–	–	385	–	–	510	–	–	–	590
	Q390 钢	–	–	400	–	–	530	–	–	–	615

不锈钢螺栓连接的强度设计值（N/mm²）　　　　　表 5-13

类别	组别	性能等级	R_m	抗拉	抗剪
A（奥氏体）	A1、A2	50	500	230	175
	A3、A4	70	700	320	245
	A5	80	800	370	280
C（马氏体）	C1	50	500	230	175
		70	700	320	245
		100	1000	460	350
	C3	80	800	370	280
	C4	50	500	230	175
		70	700	320	245
F（铁素体）	F1	45	450	210	160
		60	600	275	210

楼层弹性层间位移角限值 表 5-14

结构类型	弹性层间位移角限值
钢筋混凝土框架	1/550
钢筋混凝土框架—剪力墙、框架—核心筒、板柱—剪力墙	1/800
钢筋混凝土筒中筒、剪力墙	1/1000
钢筋混凝土框支层	1/1000
多、高层钢结构	1/300

三、陶瓷薄板

陶瓷薄板应按需要设置中肋等加劲肋。加劲肋可采用金属方管、槽形或角形型材。加劲肋应与面板可靠连接，并应有防腐措施，加劲肋的端部与主框架之间要采取有效连接。陶瓷薄板与加劲肋之间可以通过结构胶或其他材料连接，但须形成可靠连接，在正负风压作用下，加劲肋都要起到加强作用。加劲肋的端部与主框架之间要采取有效连接，目的是将面板所受荷载作用直接有效地传递到主框架上。陶瓷薄板设置了满足刚度要求加加劲肋后，应按照多跨连续板计算，具体参照《静力计算手册》中相关计算公式。

陶瓷薄板在垂直于幕墙平面的风荷载和地震作用下，陶瓷薄板截面最大应力应符合下列规定：

1. 最大应力标准值可按考虑几何非线性的有限元方法计算，也可按下列公式计算：

$$\sigma_{wk} = \frac{6m\omega_k\alpha^2}{t_2}\eta \tag{1}$$

$$\sigma_{Ek} = \frac{6mq_{Ek}\alpha^2}{t_2}\eta \tag{2}$$

$$\theta = \frac{\omega_k\alpha^4}{Et^4} \quad 或 \quad \theta = \frac{(\omega_k + 0.5q_{Ek})\alpha^4}{Et^4} \tag{3}$$

式中：θ——参数；

σ_{wk}、σ_{Ek}——分别为风荷载、地震作用下陶瓷薄板截面的最大应力标准值（N/mm²）；

ω_k、q_{Ek}——分别为垂直于幕墙平面的风荷载、地震作用标准值（N/mm²）；

t——陶瓷薄板的厚度（mm）；

E——陶瓷薄板的弹性模量（N/mm²）；

m——弯矩系数，可由陶瓷薄板短边与长边边长之比l_x/l_y按表5-15采用；

η——折减系数，可由参数θ按表5-16采用。

四边支承陶瓷薄板的弯矩系数 m $M=mql^2$ 表 5-15

l_x/l_y	四边简支	三边简支 l_y 固定	l_x 对边简支 l_y 对比固定	l_y/l_x	三边简支 l_y 固定	l_x 对边简支 l_y 对比固定
0.50	0.0991	0.0655	0.0419	0.50	0.0925	0.0833
0.55	0.0924	0.0631	0.0414	0.55	0.0842	0.0738

续表

l_x/l_y	四边简支	三边简支 l_y 固定	l_x 对边简支 l_y 对比固定	l_y/l_x	三边简支 l_y 固定	l_x 对边简支 l_y 对比固定
0.60	0.0856	0.0606	0.0408	0.60	0.0760	0.0648
0.65	0.0791	0.0579	0.0401	0.65	0.0683	0.0564
0.70	0.0727	0.0552	0.0390	0.70	0.0610	0.0489
0.75	0.0668	0.0522	0.0379	0.75	0.0544	0.0422
0.80	0.0611	0.0492	0.0366	0.80	0.0484	0.0364
0.85	0.0558	0.0463	0.0353	0.85	0.0430	0.0313
0.90	0.0510	0.0434	0.0339	0.90	0.0382	0.0270
0.95	0.0465	0.0405	0.0324	0.95	0.0339	0.0233
1.00	0.0423	0.0377	0.0309	1.00	0.0300	0.0201

注：1．计算时 l 值取 l_x、l_y 值的较小值；

2．此表适用于泊松比为0.15。

折减系数 η　　　　　　　　　　　　　　　　　　表 5-16

θ	≤ 5.0	10.0	20.0	40.0	60.0	80.0	100.0
η	1.00	0.96	0.92	0.84	0.78	0.73	0.68
θ	120.0	150.0	200.0	250.0	300.0	350.0	≥ 400.0
η	0.65	0.61	0.57	0.54	0.52	0.51	0.50

2．最大应力设计值应按《建筑陶瓷薄板应用技术规程》（JGJ/T172）规定进行组合。

3．最大应力设计值不应超过陶瓷薄板强度设计值 f_g。

4．陶瓷薄板在风荷载作用下的跨中挠度，应符合下列规定：

（1）陶瓷薄板的刚度 D 可按下式计算：

$$D = \frac{Et^3}{12(1-\upsilon^2)} \qquad (4)$$

式中：D——陶瓷薄板的刚度（Nmm）；

$\quad\quad\;\; t$——陶瓷薄板的厚度（mm）；

$\quad\quad\;\; \upsilon$——泊松比，可按0.17采用。

（2）陶瓷薄板跨中挠度可按考虑几何非线性的有限元方法计算，也可按下式计算：

$$d_f = \frac{\mu \, \omega_k \alpha^4}{D} \eta \qquad (5)$$

式中：d_f——在风荷载标准值作用下挠度最大值（mm）；

$\quad\quad\;\; \omega_k$——垂直于幕墙平面的风荷载标准值（N/mm²）；

$\quad\quad\;\; \mu$——挠度系数，可由陶瓷薄板短边与长边边长之比 l_x/l_y 按表5-17采用；

四边支承板的挠度系数 μ 表 5-17

l_x/l_y	0.00	0.20	0.25	0.33	0.50
μ	0.01302	0.01297	0.01282	0.01223	0.01013
l_x/l_y	0.55	0.60	0.65	0.70	0.75
μ	0.00940	0.00867	0.00796	0.00727	0.00663
l_x/l_y	0.80	0.85	0.90	0.95	1.00
μ	0.00603	0.00547	0.00496	0.00449	0.00406

注： 其他边界条件下的挠度系数 μ 参照《静力计算手册》中的相关规定。

（3）在风荷载标准值作用下，四边支承陶瓷薄板的挠度限值 $d_{f,lim}$ 宜按其短边边长的1/60采用。

5. 陶瓷薄板的单跨中肋应按简支梁设计，中肋应有足够的刚度，其挠度不应大于中肋跨度的1/180。对中肋刚度的要求，是为了使肋能够起到支承作用，从而使得陶瓷薄板可以按照多跨连续板来计算。板面作用的荷载应按三角形或梯形分布传递到肋上，进行肋的计算时可按等弯矩原则化为等效均布荷载（图5-7）。

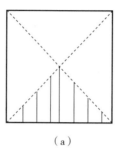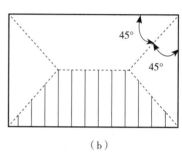

图 5-7　板面荷载向肋的传递
（a）方板　（b）矩形板

斜陶瓷薄板幕墙计算承载力时，应计入永久荷载、雪荷载、雨水荷载等重力荷载及施工荷载在垂直于陶瓷薄板平面方向作用所产生的弯曲应力。施工荷载应根据施工情况决定，但不应<2.0kN的集中荷载作用，施工荷载作用点应按最不利位置考虑。幕墙采用的陶瓷薄板计算公式是在小挠度情况下推导出来的，它假定陶瓷薄板只受到弯曲作用，只有弯曲应力而平面内薄膜应力则忽略不计。因此它适用于$u<t$（t为板厚）的情况。

陶瓷薄板的挠度允许到边长的1/60，边长为900mm的板，挠度允许值可达15mm，已为其厚度5.5mm的2.7倍。此时应力、挠度的计算值会比实际值大很多，所以考虑一个系数 η 予以修正。

四、立柱选用

立柱选用一般采用方钢管，也可采用U形钢，幕墙中的危险部位位于风荷载最大处，立柱采用双跨梁计算模型，立柱承担的分格宽B，层间高L_2m，短跨长L_1m。

所选用立柱型材的截面特性如下：

I_x——对x轴方向的惯性矩

I_y——对y轴方向的惯性矩

W_x——对x轴方向的抵抗矩

W_y——对y轴方向的抵抗矩

A_0——截面面积

力学模型图如下（图5-8）：

1. 荷载计算

（1）风荷载标准值的计算

$$W_k = \beta_{gz} \cdot \mu_{s1} \cdot \mu_z \cdot W_o$$

（2）y 轴方向（垂直于幕墙表面）的地震作用为

$$q_{Ey} = \beta_e \cdot \alpha_{max} \cdot G/A$$

式中：q_{Ey}——作用于幕墙平面外水平分布地震作用（kN/m^2）；

G——幕墙构件的重量（kN）；

A——幕墙构件的面积（m^2）；

α_{max}——水平地震影响系数最大值，取0.04；

β_e——动力放大系数，取5。

其中：$G = L \times B \times t \times \gamma_{陶瓷}$

式中：L——计算层间高 m；

B——分格宽 m；

t——陶瓷薄板厚度 m；

$\gamma_{陶瓷}$——陶瓷薄板密度，取24kN/m^3

$A = L \times B$

则　$q_{Ey} = \beta_e \cdot \alpha_{max} \cdot G/A$

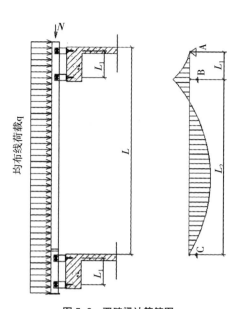

图 5-8　双跨梁计算简图

2. 刚度计算

立柱所受线荷载组合标准值

$q_{刚度y} = W_k \times B$

按双跨梁计算，立柱产生的挠度为：

$$f = (1/24EI) \cdot [q_{刚度} \cdot X^4 - 4R_c \cdot X^3 + L_1^2 \cdot X \cdot (4R_c - q_{刚度} \cdot L_1)]$$

式中：L_1——长跨长

R_c——C点支座反力

X——到C点距离

$R_{cx} = (1/L_1) \cdot [(q_{刚度y} \cdot L_1^2)/2 - (q_{刚度} \cdot L_1^3 + q_{刚度} \cdot L_2^3)/8(L_1 + L_2)]$

$R_{cy} = (1/L_1) \cdot [(q_{刚度x} \cdot L_1^2)/2 - (q_{刚度x} \cdot L_1^3 + q_{刚度x} \cdot L_2^3)/8(L_1 + L_2)]$

当f取最大值时，一阶导数f'=0时，解一元三次方程，求得X_0

取 $[f] = L_1 \times 1000/250$

立柱的最大挠度f_{xmax}为：

$$f_{xmax} = (1/24E \cdot I_x) \cdot [q_{刚度y} \cdot X_0^4 - 4R_{cx} \cdot X_0^3 + L_1^2 \cdot X_0 \cdot (4R_{cx} - q_{刚度y} \cdot L_1)] \times 10^8$$

$$= f_{xmax应} \leq [f]$$

X轴方向挠度荷载组合如下：

$q_{刚度x} = 0.5q_{Ex}$

$$f_{ymax} = (1/24E \cdot I_y) \cdot [q_{刚度x} \cdot X_0^4 - 4R_{cy} \cdot X_0^3 + L_1^2 \cdot X_0 \cdot (4R_{cy} - q_{刚度x} \cdot L_1)] \times 10^8$$

$$f_{ymax应} \leq [f]$$

立柱刚度应满足要求

3. 强度计算

强度荷载组合如下

$$q = 1 \times 1.4 \times 1 \times W_k + 1.3 \times 0.6 \times q_{Ey}$$

立柱所受线荷载为

$$q_{强度} = q \times B$$

则：按双跨简支梁计算，立柱所受最大弯矩为

$$M = q_{强度} \cdot (L_1^3 + L_2^3)/8 \times L$$

立柱所受轴向拉力为 $N = 1.2 \times G$

立柱承载力应满足下式要求

$$N/A_0 + M/(\gamma \cdot W) \leq f_a$$

式中： N——立柱拉力设计值（kN）；

    M——立柱弯矩设计值（kN·m）；

    A_0——立柱净截面面积（mm²）；

    W——在弯矩作用方向的净截面抵抗矩（cm³）；

    γ——塑性发展系数，取1.05；

    f_a——立柱材料的强度设计值，取205N/mm²。

则 $N/A_0 + M/(\gamma \cdot W)$ 应 $< f_a$

立柱强度应满足要求

五、横梁选用

横梁材料一般采用角钢。危险部位取风荷载处，横梁长B，承担重力方向分格高H_1，上下分格平均高H_2，陶瓷薄板托板距横梁端部距离a。

所选用横梁型材的截面特性如下：

I_x——对x轴方向的惯性矩

I_y——对y轴方向的惯性矩

W_x——对x轴方向的抵抗矩

W_y——对y轴方向的抵抗矩

1. 荷载计算

（1）幕墙的自重面荷载标准值为

$$g_k = \gamma_{陶瓷} \cdot 1.05 \cdot t$$

式中：$\gamma_{陶瓷}$——陶瓷薄板的密度，取224kN/m³

t——陶瓷薄板的总厚度 m；

（2）横梁所承受的风荷载标准值为

$$W_k = \beta_{gZ} \cdot \mu_{s1} \cdot \mu_z \cdot W_o$$

（3）地震作用标准值为

$$Q_{Ek} = \beta_e \cdot \alpha_{max} \cdot g_k$$

2. 挠度计算

横梁所受水平集中力标准值为：

$$N_{yk} = W_k \times H_2 \times B/2$$

横梁所承受的竖直集中力标准值为

$$N_{xk} = g_k \times H_1 \times B/2$$

在水平方向的挠度为

$$\mu_y = N_{yk} \cdot a \cdot B^2 \cdot [3-4 \cdot (a/B)^2]/24EI_y$$

在竖直方向的挠度为

$$\mu_x = N_{xk} \cdot a \cdot B^2 \cdot [3-4 \cdot (a/B)^2]/24EI_x$$

式中：I_x——横梁绕X轴的惯性矩 cm⁴

I_y——横梁绕Y轴的惯性矩 cm⁴

E——横梁的弹性模量，206000N/mm²

a——陶瓷薄板托板距横梁端部的距离mm

横梁的挠度允许值为

$$[\mu_x] = B \times 1/250$$

M_x应$\leq [\mu_x]$，横梁x挠度应满足要求。

$$[\mu_y] = B \times 1/500$$

M_y应$\leq [\mu_y]$，横梁y挠度应满足要求。

3. 抗弯承载力计算

横梁所受的水平集中力设计值为：

$$N_y = (1.4 \times W_k + 0.6 \times 1.3 \times Q_{Ek}) \times H_2 \times B/2$$

横梁所受的竖向集中力设计值为

$$N_x = 1.2 \times N_{xk}$$

则横梁水平方向弯矩为

$$M_x = N_y \times a$$

横梁竖直方向弯矩为

$$M_y = N_x \times a$$

横梁的抗弯承载力应满足下式，即

$$M_x/(\gamma \cdot W_x) + M_y/(\gamma \cdot W_y) \leq f$$

式中：　γ——塑性发展系数，取为1.05

W_x，W_y——分别为横梁截面绕X、Y轴的截面抵抗矩，cm^3；

f——型材的抗弯强度设计值，N/mm^2；

则 $M_x/(\gamma \cdot W_x) + M_y/(\gamma \cdot W_y)_{应} \leq f$

横梁的抗弯强度应满足要求。

六、立柱与建筑物连接

立柱受力模式为双跨梁，计算层间高L，短跨长L_1，分格宽$B=1$m,分格高H。采用2个M12螺栓连接，每个螺栓的有效截面积A_0。

一个立柱所承受的重量标准值为

$$G_k = \gamma_石 \times t \times B \times L \times 1.1$$

式中：t为陶瓷薄板厚度（mm）

B为分格宽度（m）

L为计算层间高（m）

γ为陶瓷薄板密度（284kN/m^3）

一个立柱单元所受的风荷载标准值为

$$N_{wk} = W_k \times B \times ((L_1^3 + L_2^3)/8L_1L_2 + 0.5L)$$

一个立柱单元所受的水平地震作用为

$$N_{Ek} = \beta_e \cdot \alpha_{max} \cdot (G_k \cdot B/L \cdot B) \times ((L_1^3 + L_2^3)/8L_1L_2 + 0.5L)$$

组合设计值为

$$V = ((1.4N_{wk} + 1.3 \times 0.6N_{Ek})^2 + (1.2G_k)^2)^{0.5}$$

则最大组合剪应力 $\tau_{max} = V/A_{应} \leq [\tau]$

立柱与建筑物连接螺栓应满足要求。

七、立柱壁局部承压能力验算

立柱壁局部承压能力为：

$$N^B_c = d \cdot t_{总} \cdot f^B_c$$

其中：$t_{总}$——型材承压壁的总厚度

d——螺栓直径

f_c^B——钢材承压强度设计值

螺栓所受的剪力设计值为$V_应 \leq N_c^B$，局部承压能力应满足要求。

八、横梁与立柱连接计算

横梁所受的重力标准值为

$$G_k = \gamma_{陶瓷} \times t \times B \times H \times 1.1$$

式中：t——陶瓷薄板厚度（mm）

$\gamma_石$——陶瓷薄板密度（24kN/m^3）

横梁所受的水平地震作用标准值为

$$N_{Ek} = \beta_e \cdot \alpha_{max} \cdot G$$

横梁所受的风力标准值为

$$N_{wk} = W_k \cdot H \cdot (2B - H) / 2$$

自攻钉选用螺钉M6，横立柱连接使用3个自攻钉，每个自攻钉受荷面积为$A_钉$

紧固钉受剪应力

$$\tau_{max} = ((1.4N_{wk} + 1.3 \times 0.6N_{Ek})^2 + (1.2G_k)^2)^{0.5} / 2 \times 3A_钉$$

角片与横梁连接选用3个螺钉M6，每个紧固钉受荷面积为$A_钉$

紧固钉所受剪应力

$$\tau = (1.4N_{wk} + 1.3 \times 0.6N_{Ek}) / 2 \times 3A_应 \leq [\tau]$$

横梁与立柱连接强度应满足要求。

九、伸缩缝接点宽度计算

为了适应幕墙温度变形以及施工调整的需要，立柱上下段通过插芯套装，
留有一段空隙——伸缩缝（d），d值按下式计算：

$$d \geq \sigma \lambda / \varepsilon + a_1 + a_2$$

式中：d——伸缩缝尺寸，mm；

σ——由于温度变化产生的位移，mm；

$\sigma = \alpha \cdot \Delta t \cdot L$

α——立柱材料的线膨胀系数，取1.2×10^{-5}；

Δt——温度变化（℃）取80℃；

λ——实际伸缩调整系数，取0.85；

ε——考虑密封胶变形能力的系数，取0.5；

a_1——施工误差，取2mm；

a_2——主体结构的轴向压缩变形，取3mm。

则 $\sigma \lambda / \varepsilon + a_1 + a_{2应} \leq d$

实际伸缩空隙d取20mm，伸缩缝接点宽度应满足要求

十、埋件的计算

层间高L，分格宽B，立柱采用双跨梁模式，短跨长L_1，长跨长L_2。

幕墙所在计算单元自重为

$$G_k = \gamma_石 \cdot L \cdot B \cdot t \cdot 1.1 \cdot 10^{-3}$$

幕墙所受的水平分布地震作用为

$$q_{Ek} = \beta_e \cdot \alpha_{max} \cdot G_k / (L \cdot B)$$

立柱所受的水平线荷载设计值为

$$q = (1.0 \times 1.4 \times W_k + 0.6 \times 1.3 \times q_{Ek}) \times B$$

则立柱支座弯矩为

$$M_支 = 0.125 \times q \times (L_1^3 + L_2^3) / L$$

辅助支点埋件所受的力为

剪力$V = 0$

弯矩$M = 0$

轴向拉力$N = M_支 \cdot L / L_1 \cdot L_2 + 0.5q \times L$

顶端埋件所受的力为：

剪力$V = 1.2G_k$

弯矩$M = V \times e_0$

式中，e_0——立柱螺栓到埋件间距，mm；

轴向拉力$N = |0.5q \times L - (M_支 \cdot L / L_1 \cdot L_2)|$

十一、结构胶选用

1. 结构胶宽度计算

组合荷载作用下结构胶粘结宽度的计算：

C_{s1}：组合荷载作用下结构胶粘结宽度（mm）

q_z：风荷载设计值；kN/m^2

a：矩形分格短边长度；m

f_1：结构胶的短期强度允许值：0.2N/mm^2

按《玻璃幕墙工程技术规范》（JGJ102）第5.6.2条规定采用

$$C_{s1} = \frac{W \times a}{2 \times f_1} \quad （\text{JGJ102–2003 5.6.3–1}）$$

结构硅酮密封胶的最小计算宽度为5mm且不应小于C_{s1}。

2．结构胶厚度计算

（1）温度变化效应胶缝厚度的计算：

T_s：温度变化效应结构胶的粘结厚度：mm

δ_1：结构硅酮密封胶的温差变位承受能力：0.125

T：年温差：68

U_s：玻璃板块在年温差作用下玻璃与铝型材相对位移量：mm

铝型材线膨胀系数：$a_1 = 2.35 \times 10^{-5}$

玻璃线膨胀系数：$a_w = 1 \times 10^{-5}$

$$U_s = \frac{b \times \Delta T \times (2.35 - 1)}{100}$$

$$T_s = \frac{U_s}{\sqrt{\delta_1 \times (2 + \delta_1)}} \quad （\text{JGJ102–2003 5.6.5}）$$

（2）地震作用下胶缝厚度的计算：

T_s：地震作用下结构胶的粘结厚度，mm

H：幕墙分格高，m

θ：幕墙层间变位设计变位角1/550

ψ：胶缝变位折减系数0.7

S_2：结构硅酮密封胶的地震变位承受能力，0.41

$$T_s = \frac{\theta \times H \times \psi \times 1000}{\sqrt{\delta_2 \times (2 + \delta_2)}}$$

结构硅酮密封胶的最小厚度为3mm且不应小于T_s。

3．结构胶强度计算

（1）短期荷载和作用在结构胶中产生的拉应力：

W：风荷载以及地震荷载组合设计值；kN/m^2

a：矩形分格短边长度；m

C_s：结构胶粘结宽度；mm

$$\sigma_1 = \frac{W \times a}{2 \times C_s}$$

（2）短期荷载和作用在结构胶中产生的总应力：

考虑托块作用，不考虑重力作用产生的剪应力影响，取$\sigma_2 = 0 N/mm^2$

$$\sigma = \sqrt{{\sigma_1}^2 + {\sigma_2}^2}_{\ 应} \leq 0.2\text{N/mm}^2$$

结构胶短期强度应满足要求。

十二、托板计算

陶瓷薄板托板采用材料为铝-6063-T5,托板厚度为3,托板宽度为100,计算的陶瓷薄板下部有N个托板,陶瓷薄板传递的重力设计值为GkN,托板上重力作用点距离托板边部距离为Lmm,托板水平边总长度L_0mm,托板竖向边总高为H_0mm,连接铆钉材料级别为碳素钢铆钉-30,铆钉直径3.2mm,每个托板上连接铆钉数量为3个。托板具体见下示意图（图5-9）。

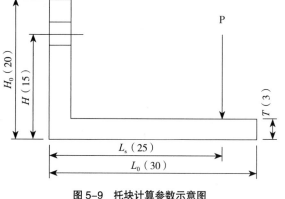

图5-9 托块计算参数示意图

托板强度计算

作用在每个托块上的$P = G_N =$

托块与主型材接触角部的截面抵抗矩为W_x

陶瓷薄板重力作用产生的弯矩为

$$M = P \times L$$

所以由于弯矩作用产生的正应力

$$\sigma = \frac{M}{W_x}$$

由重力作用产生的剪应力

$$\tau = \frac{P}{A}$$

考虑折算应力

$$\sigma_s = \sqrt{\sigma^2 + 3 \times \tau^2}$$

σ_s应不大于托板设计许用强度。

托板局部抗压强度计算

托板在陶瓷薄板重力作用下,通过铆钉连接到主型材上,在铆钉连接处会产生局部压应力作用。

铆钉数量为$N_m = 3$

铆钉与托板连接接触面按照半圆来考虑，单个铆钉接触面面积为

$$A_m = \pi \times \frac{D_m}{2} \times t$$

$$\sigma_p = \frac{P}{N_m \times A_m}$$

σ_p应不大于托板局部抗压强度设计值。

第二节

陶瓷薄板幕墙的节点设计和节能设计

一、节点设计

陶瓷薄板幕墙节点简单且丰富，幕墙形式可以是明框，也可是隐框，在陶瓷薄板背面应采用铝板幕墙的加肋，以增加陶瓷薄板的强度和刚度，幕墙龙骨可采用钢龙骨，也可采用铝龙骨。

为配合陶瓷薄板幕墙的应用，2011年广东省住房和城乡建设厅发布了《陶瓷薄板建筑幕墙构造》（粤11J/713）标准图集，2013年中国建筑标准设计研究院组织编制了国家标准图集《建筑陶瓷薄板和轻质陶瓷板工程应用》（13CJ43）。现将陶瓷薄板幕墙主要节点及应用要点叙述如下（图5-10~图5-17）：

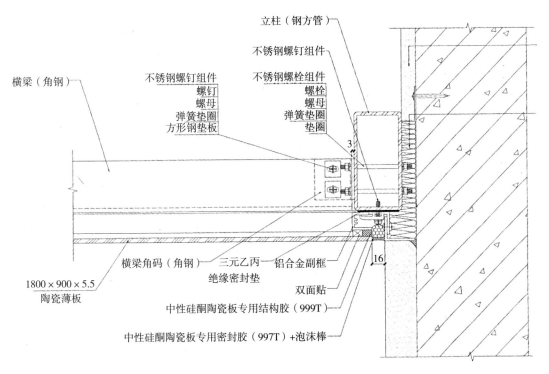

图5-10　横梁与立柱可以螺接，也可焊接

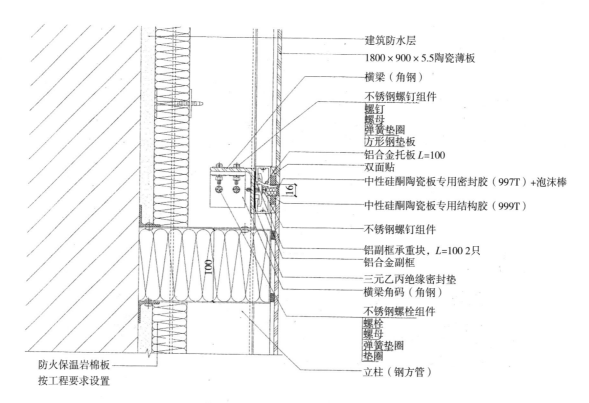

建筑防水层
1800×900×5.5陶瓷薄板
横梁（角钢）
不锈钢螺钉组件
螺钉
螺母
弹簧垫圈
方形钢垫板
铝合金托板 $L=100$
双面贴
中性硅酮陶瓷板专用密封胶（997T）+泡沫棒
中性硅酮陶瓷板专用结构胶（999T）
不锈钢螺钉组件
铝副框承重块，$L=100$ 2只
铝合金副框
三元乙丙绝缘密封垫
横梁角码（角钢）
不锈钢螺栓组件
螺栓
螺母
弹簧垫圈
垫圈
立柱（钢方管）

防火保温岩棉板
按工程要求设置

图 5-11　陶瓷薄板幕墙属于非透明幕墙，应作层间防火封堵

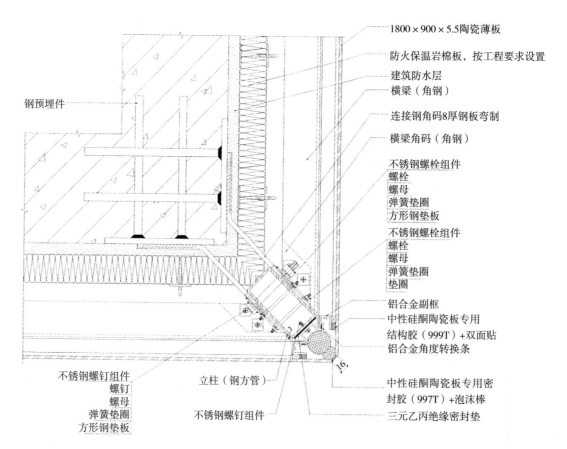

1800×900×5.5陶瓷薄板
防火保温岩棉板，按工程要求设置
建筑防水层
横梁（角钢）
连接钢角码8厚钢板弯制
横梁角码（角钢）
不锈钢螺栓组件
螺栓
螺母
弹簧垫圈
方形钢垫板
不锈钢螺栓组件
螺栓
螺母
弹簧垫圈
垫圈
铝合金副框
中性硅酮陶瓷板专用
结构胶（999T）+双面贴
铝合金角度转换条
中性硅酮陶瓷板专用密封胶（997T）+泡沫棒
三元乙丙绝缘密封垫

钢预埋件

不锈钢螺钉组件
螺钉
螺母
弹簧垫圈
方形钢垫板

立柱（钢方管）

不锈钢螺钉组件

图 5-12　陶瓷薄板幕墙阳角宜采用海棠角

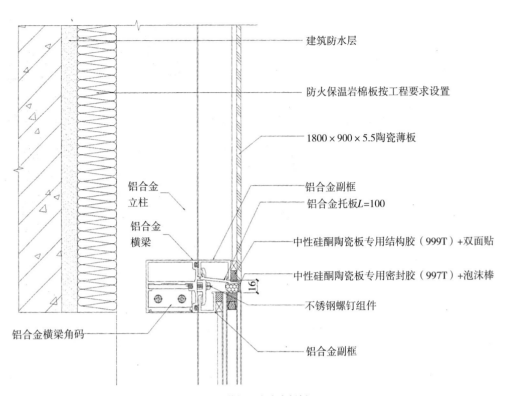

建筑防水层

防火保温岩棉板按工程要求设置

1800×900×5.5陶瓷薄板

铝合金立柱

铝合金横梁

铝合金副框
铝合金托板L=100

中性硅酮陶瓷板专用结构胶（999T）+双面贴

中性硅酮陶瓷板专用密封胶（997T）+泡沫棒

不锈钢螺钉组件

铝合金横梁角码

铝合金副框

图 5-13　陶瓷薄板下方应有托板

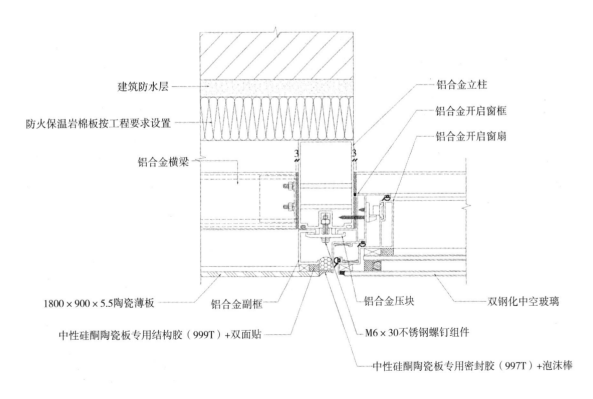

建筑防水层

防火保温岩棉板按工程要求设置

铝合金横梁

铝合金立柱

铝合金开启窗框

铝合金开启窗扇

1800×900×5.5陶瓷薄板

铝合金副框

铝合金压块

双钢化中空玻璃

中性硅酮陶瓷板专用结构胶（999T）+双面贴

M6×30不锈钢螺钉组件

中性硅酮陶瓷板专用密封胶（997T）+泡沫棒

图 5-14　压板单侧悬空不可行

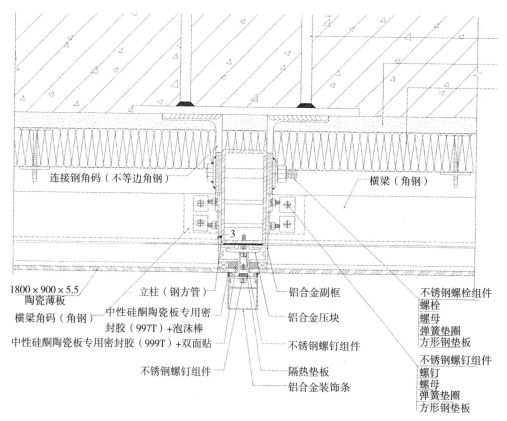

连接钢角码（不等边角钢）

横梁（角钢）

1800×900×5.5
陶瓷薄板

立柱（钢方管）

铝合金副框

不锈钢螺栓组件
螺栓
螺母
弹簧垫圈
方形钢垫板

横梁角码（角钢）

中性硅酮陶瓷板专用密
封胶（997T）+泡沫棒

铝合金压块

不锈钢螺钉组件
螺钉
螺母
弹簧垫圈
方形钢垫板

中性硅酮陶瓷板专用密封胶（999T）+双面贴

不锈钢螺钉组件

隔热垫板

铝合金装饰条

图 5-15　结构胶应进行相容性试验

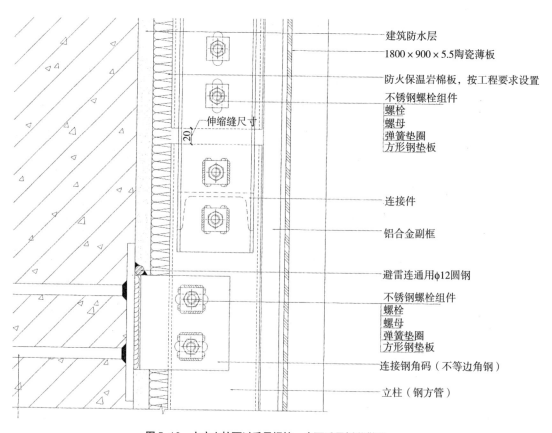

建筑防水层

1800×900×5.5陶瓷薄板

防火保温岩棉板，按工程要求设置

不锈钢螺栓组件
螺栓
螺母
弹簧垫圈
方形钢垫板

伸缩缝尺寸

20

连接件

铝合金副框

避雷连通用φ12圆钢

不锈钢螺栓组件
螺栓
螺母
弹簧垫圈
方形钢垫板

连接钢角码（不等边角钢）

立柱（钢方管）

图 5-16　上方立柱可以采用螺接，也可采用插芯做法

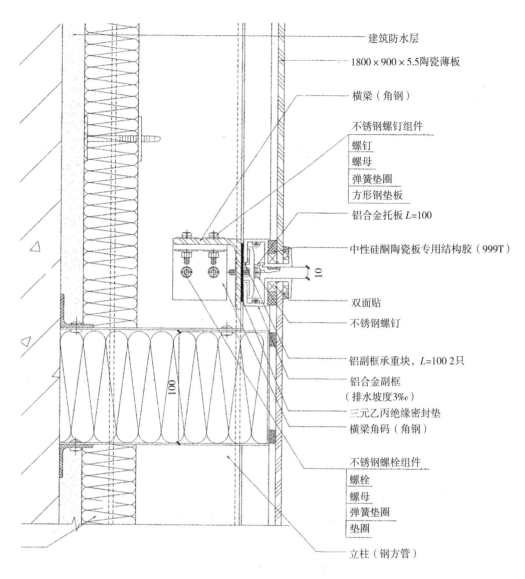

建筑防水层

1800×900×5.5陶瓷薄板

横梁（角钢）

不锈钢螺钉组件
螺钉
螺母
弹簧垫圈
方形钢垫板

铝合金托板 $L=100$

中性硅酮陶瓷板专用结构胶（999T）

双面贴

不锈钢螺钉

铝副框承重块，$L=100$ 2只

铝合金副框
（排水坡度3‰）

三元乙丙绝缘密封垫

横梁角码（角钢）

不锈钢螺栓组件
螺栓
螺母
弹簧垫圈
垫圈

立柱（钢方管）

图 5-17　明框、开缝做法应关注防水

二、节能设计

　　陶瓷薄板幕墙作为建筑围护结构的一部分，其节能性能非常重要。由于陶瓷薄板幕墙属于非透明幕墙，其热工性能由传热系数表征。陶瓷薄板幕墙与基础墙体直接应设置保温棉，陶瓷薄板幕墙的传热系数可通过调整保温棉的厚度来满足设计规范要求。陶瓷薄板幕墙传热系数可采用《民用建筑热工设计规范》（GB50176）进行计算。非透明幕墙的传热系数K按下式计算：

$$\frac{1}{K} = R_e + R + R_i$$

式中　R_e——外表面换热阻，冬季取值0.04m²K/W，夏季取值0.05m²K/W；

　　　　R_i——内表面换热阻，冬季和夏季取值均为0.11m²K/W；

　　　　R——非透明幕墙热阻。

常用建筑材料导热系数见表5-18。

常用建筑材料导热系数　　　　　　　表 5-18

序号	材料名称	干密度（kg/m³）	导热系数（W/mK）
1	混凝土		
1.1	普通混凝土		
	钢筋混凝土	2500	1.74
	碎石、卵石混凝土	2300	1.51
		2100	1.28
1.2	轻骨料混凝土		
	膨胀矿渣珠混凝土	2000	0.77
		1800	0.63
		1600	0.53
	自然煤矸石、炉渣混凝土	1700	1.00
		1500	0.76
		1300	0.56
	粉煤灰陶粒混凝土	1700	0.95
		1500	0.70
		1300	0.50
		1100	0.44
	黏土陶粒混凝土	1600	0.84
		1400	0.70
		1200	0.53
	页岩渣、石灰、水泥混凝土	1300	0.52
	页岩陶粒混凝土	1500	0.77
		1300	0.63
		1100	0.50
	火山灰渣、沙、水泥混凝土	1700	0.57
	浮石混凝土	1500	0.67
		1300	0.53
		1100	0.42
1.3	轻混凝土		
	加气混凝土、泡沫混凝土	700	0.22
		500	0.19
2	砂浆和砌体		
2.1	砂浆		
	水泥砂浆	1800	0.93
	石灰水泥砂浆	1700	0.87
	石灰砂浆	1600	0.81
	石灰石膏砂浆	1500	0.76
	保温砂浆	800	0.29
2.2	砌体		
	重砂浆砌筑黏土砖砌体	1800	0.81
	轻砂浆砌筑黏土砖砌体	1700	0.76
	灰砂砖砌体	1900	1.10
	硅酸盐砖砌体	1800	0.87
	炉渣砖砌体	1700	0.81
	重砂浆砌筑26、33及36孔	1400	0.58
	黏土空心砖砌体		

续表

序号	材料名称	干密度（kg/m³）	导热系数（W/mK）
3	热绝缘材料		
	纤维材料		
3.1	矿棉、岩棉、玻璃棉板	80以下	0.050
		80~200	0.045
	矿棉、岩棉、玻璃棉毡	70以下	0.050
		70~200	0.045
	矿棉、岩棉、玻璃棉松散料	70以下	0.050
		70~200	0.045
	麻刀	150	0.070
	膨胀珍珠岩、蛭石制品		
3.2	水泥膨胀珍珠岩	800	0.26
		600	0.21
		400	0.16
	沥青、乳化沥青膨胀珍珠岩	400	0.12
		300	0.093
	水泥膨胀蛭石	350	0.14
	泡沫材料及多孔聚合物		
3.3	聚乙烯泡沫塑料	100	0.047
	聚苯乙烯泡沫塑料	30	0.042
	聚氨酯硬泡沫塑料	30	0.033
	聚氯乙烯硬泡沫塑料	130	0.048
	钙塑	120	0.049
	泡沫玻璃	140	0.058
	泡沫石灰	300	0.116
	炭化泡沫石灰	400	0.14
	泡沫石膏	500	0.19
	石材		
4	花岗石	2800	3.49
	大理石	2800	2.91
	石灰岩	2400	2.04
	石灰石	2000	1.16
	金属		
5	紫铜	8500	407
	青铜	8000	64.0
	钢材	7850	58.2
	铝	2700	203
6	陶瓷薄板	2400	0.76

不带铝箔、单面铝箔、双面铝箔封闭空气层的热阻　　　　　表 5-19

位置、热流状况及材料特性	冬季状况							夏季状况						
	间层厚度（mm）							间层厚度（mm）						
	5	10	20	30	40	50	60以上	5	10	20	30	40	50	60以上
一般空气间层														
热流向下（水平、倾斜）	0.10	0.14	0.17	0.18	0.19	0.20	0.20	0.09	0.12	0.15	0.15	0.16	0.16	0.15
热流向上（水平、倾斜）	0.10	0.14	0.15	0.16	0.17	0.17	0.17	0.90	0.11	0.13	0.13	0.13	0.13	0.13
垂直空气间层	0.10	0.14	0.16	0.17	0.18	0.18	0.18	0.09	0.12	0.14	0.14	0.15	0.15	0.15

位置、热流状况及材料特性	冬季状况							夏季状况						
	间层厚度（mm）							间层厚度（mm）						
	5	10	20	30	40	50	60以上	5	10	20	30	40	50	60以上
单面铝箔空气间层														
热流向下（水平、倾斜）	0.16	0.28	0.43	0.51	0.57	0.60	0.64	0.15	0.25	0.37	0.44	0.48	0.52	0.54
热流向上（水平、倾斜）	0.16	0.26	0.35	0.40	0.42	0.42	0.43	0.14	0.20	0.28	0.29	0.30	0.30	0.28
垂直空气间层	0.16	0.26	0.39	0.44	0.47	0.49	0.50	0.15	0.22	0.31	0.34	0.36	0.37	0.37
双面铝箔空气间层														
热流向下（水平、倾斜）	0.18	0.34	0.56	0.71	0.84	0.94	1.01	0.16	0.30	0.49	0.63	0.73	0.81	0.86
热流向上（水平、倾斜）	0.17	0.29	0.45	0.52	0.55	0.56	0.57	0.15	0.25	0.34	0.37	0.38	0.38	0.35
垂直空气间层	0.18	0.31	0.49	0.59	0.65	0.69	0.71	0.15	0.27	0.39	0.46	0.49	0.50	0.50

例：由厚度为250mm钢筋混凝土，5.5mm陶瓷薄板，在其后面加90mm保温棉，中间有80mm封闭空气层，形成非透明幕墙，试求其传热系数。

解：钢筋混凝土墙热阻 $R_墙=0.25/1.74\text{m}^2\text{K/W}=0.144\text{m}^2\text{K/W}$；

陶瓷薄板热阻 $R_玻=0.006/0.76\text{m}^2\text{K/W}=0.07\text{m}^2\text{K/W}$；

保温棉热阻 $R_棉=0.09/0.045\text{m}^2\text{K/W}=2\text{m}^2\text{K/W}$；

空气层热阻 $R_空=0.18\text{m}^2\text{K/W}$

幕墙冬季传热阻

$R_0= R_e + R_玻+ R_棉+ R_空+ R_墙+R_i =0.04+0.013+2+0.18+0.144+0.11$

$=2.487（\text{m}^2·\text{K}）/\text{W}$

幕墙冬季传热系数

$K=1/R_0=1/2.487=0.40\text{W/}（\text{m}^2·\text{K}）$

幕墙夏季传热阻

$R_0= R_e + R_玻璃+ R_棉+ R_空+ R_墙+R_i =0.05+0.013+2+0.18+0.144+0.11$

$=2.497（\text{m}^2·\text{K}）/\text{W}$

幕墙夏季传热系数

$K=1/R_0=1/2.497=0.40\text{W/}（\text{m}^2·\text{K}）$

第三节

陶瓷薄板幕墙的加工和安装

一、幕墙加工

陶瓷薄板板块加工是指陶瓷薄板板块的制作，用结构胶粘结附框的过程。

1. 陶瓷薄板板块加工组装工艺流程图

集件

铝合金型材加工

铝合金型材组框

安装玻璃胶条

安装垫框、贴单面胶贴

玻璃及铝合金框合片

注打结构胶

修胶、固化

2. 陶瓷薄板板块加工组装工艺说明

（1）产前准备

1）生产部接到设计部发放陶瓷薄板幕墙板块加工图、组装图及综合目录明细表，计划中心发放生产任务计划通知单后，详细核对各表单上数据是否一致；

2）按图纸及明细表编制工序卡，下发陶瓷薄板幕墙板块加工图、组装图及工序卡到相关操作者。

（2）领取材料

1）生产部按明细表开材料领用单；

2）领用材料时，确认型号、规格、色泽及数量。

（3）铝材切割

1）铝材下料使用电脑控制双头斜准切割机，按加工图尺寸切割，在明显处贴标识，填写对应工程名，工序号，图纸号，操作者名及检查员检验结果；

2）铝材切割时，应注意装饰面的保护。

（4）组装框架

1）按组装图组装铝框（扇框），横竖框内先装好角片，用铝框组合机挤压装角片部位组框；

2）铝材的接头部分必须要平、齐、严、紧；

3）在明显处贴标识，填写对应工程名，工序号，图纸号，操作者名及检查员检验结果。

（5）陶瓷薄板清洗

1）清洗前，要检查水量是否充足，确认后打开风机、传送带及升温开关，温度升到55℃时方能开机清洗；

2）陶瓷薄板清洗时应将镀膜面向上清洗，防止镀膜面有划伤现象；

3）清洗后的陶瓷薄板按标识区分开整齐摆放好。

（6）粘贴胶条

1）先用甲苯对陶瓷薄板、铝板的粘结部位进行清洗，清洗方法采用"两块抹布法"；

2）待清洗部位干燥后，即可粘贴胶条，要保证胶条与铝框内边靠紧，不能有缝隙，不得高低不平。

（7）合框

1）按组装图组装，铝框（扇框）与陶瓷薄板四周必须对齐，保证陶瓷薄板与铝框垂直度；

2）将铝框（扇框）与陶瓷薄板对齐压紧，用力要适度均匀；

3）陶瓷薄板与铝框（扇框）压紧前检查双面胶条纸是否清除干净。在明显处贴标识，填写对应工程名，工序号，图纸号，操作者名，及检查员检验结果。

（8）打胶（此工序在专门的打胶房内进行）

1）首先检查注胶机各个阀门是否正常；

2）打胶时要使结构胶饱满，刮胶后必须保证平整、光滑及陶瓷薄板表面清洁；

3）使用完毕后换胶，要使胶桶内的空气排除干净，然后才能开枪打胶；

4）打胶完毕后，要对注胶机进行清洗到无黑胶出现为止；

5）着重要求每天注胶原始记录，板块样品、蝴蝶试验及拉断试验。明显处贴标识，填写对应工程名，工序号，图纸号，操作者名，及检查员检验结果。

（9）固化

1）打胶后的陶瓷薄板板块，要运至固化场地进行固化，必须将注胶陶瓷薄板存放于固化区内；

图 5-18　固化

2）根据所选用的使用说明及固化场所自然条件，确定注胶陶瓷薄板的固化时间（图5-18）。

二、幕墙安装

1. 测量放线

首先根据建筑物轴线，在引测及通视最方便的位置，用经纬仪测定一根竖向基准线，然后，根据建筑物的标高，用水准仪在建筑外檐引出水平点，并弹出一根横向水平线，作为横向基准线。基准线确定后，就可以利用基准线用钢尺划分出幕墙板块的各个分格线，在放测各分格线时，必须与主体结构实测数据相配合，对主体的误差进行分配、消化。

2. 转接件和竖框的安装

根据竖梁放线的位置，将转接件通过焊接在埋件上。将螺栓拧至6分紧，此时上下左右调整竖框，经检查符合要求后再将螺栓拧紧到位。

竖框安装的安装按照由下而上的顺序进行，将带芯套的一端朝上，第一根竖梁按悬垂构件先固定上端，调正后固定下端；第二根竖梁将下端对准第一根竖梁上端的芯套用力将第二根竖梁套上，并保留20mm的伸缩缝，再吊线或对位安装梁上端，依此往上安装。通过转接件的长条螺栓孔和埋件的滑槽进行三维方向的调节。当各方位都调节到符合要求后，拧紧各个部分的螺栓。

竖梁安装用螺栓固定后，对整个安装完的竖梁进行校正，校正的同时也要对主梁安装工序进行全面验收，对此道工序的反复验收确定了整个幕墙质量的基础，这一道关把不好就不可能保证下面工序的质量，所以在幕墙施工中竖梁安装所花的时间是最多，技术也最复杂，其精度要求也最高，幕墙最后的效果大部分由竖梁来决定。总之，对安装过的竖梁进行校正，是控制竖梁的关键性一步也是决定性的一步，无论在人员安排和管理上都要当作是最重要的一步。竖梁校正完成后，即可扣上外扣板。

3. 横梁定位安装

竖梁安装保护完毕，随后就要进行横梁安装准备。除材料准备外还有施工准备，即对横梁的测量定位与放线。横梁测量是对建筑误差的调整，为保证室内与室外对幕墙的美观要求，故对幕墙的垂直分格（横梁位）要作适当调整，一般调整以层为单元，测量定位后才能放线、安装。

工艺操作流程如下：

工艺流程：水准仪抄平→测量层高误差→分析误差→调整误差方案（报批）→调整→绘制横梁安装垂直剖面图→放线→检查。

横梁：横梁根据不同的用途一般分为三种，即：开启扇上横梁，开启扇下横梁、固定扇横梁。

横梁安装包括四个部分：一是角码安装，二是横梁垫圈安装，三是横梁安装，四是横梁扣板安装。同时，安装是一种连接安装，安装第一根横梁，第二根横梁亦进入安装。另外，安装横梁仍然要考虑美观。

4. 防火隔断板、岩棉的安装

防火隔断是为防止层间窜火而设计的，它的依据是建筑设计防火规范。

工艺流程：准备工作→整理防火板并对位→试装→检查工器具→打孔→拉钉→就位打射钉→检查安装质量。

防火岩棉需根据设计图纸要求的厚度及现场实测的宽度尺寸进行截切后安装于防火钢板内，安装需在晴天进行，并可即时封闭，以免被雨水淋湿，可在板块安装完成后安装的应后安装，以保护防火岩棉，安装完后应在表面用钢丝网封闭。保温棉安装参照防火棉的安装方式固定在框架与墙体之间，要注意墙体与保温棉之间要留有一定的间隙。

5. 薄板板块安装

陶瓷薄板板块是由车间加工，然后在工地安装的，由于工地不宜长期贮存陶瓷薄板，故在安装前要制订详细的安装计划，列出详细的陶瓷薄板供应计划，这样才能保证安装顺利进行及方便车间安排生产。陶瓷薄板板块是由车间根据工地的下料中工通知单加工而成的。它由陶瓷薄板、结构胶、双面贴、铝型衬（框料）及陶瓷薄板托板、密封胶条等组成。

安装工艺流程：施工准备→检查验收陶瓷薄板板块→初安装→调整→固定→验收。

6. 施工准备

由于板块安装在整个幕墙安装中是最后的成品环节，在施工前要做好充分的准备工作。准备工作包括人员准备、材料准备、施工现场准备。在安排计划时首先根据实际情况及工程进度计划要求排好人员，一般情况下每组安排4~5人，陶瓷薄板板块安装时，可安排6人/组。安排时要注意新老搭配，保证正常施工及老带新的原则，材料工器具准备是要检查施工工作面的陶瓷薄板板块是否到场，是否有没有到场或损坏的陶瓷薄板，另外要检查螺栓压块、钻咀等材料及易耗品是否满足使用。施工现场准备要在施工段留有足够的场所满足安装需要，同时要对排栅进行清理并调整排栅满足安装要求。

7. 检查验收陶瓷薄板板块

检查的内容有：规格数量是否正确，各层间是否有错位陶瓷薄板，陶瓷薄板堆放是否安全、可靠，是否有误差超过标准的陶瓷薄板，是否有已经损坏的陶瓷薄板。

验收的内容有：三维误差是否在控制范围内；陶瓷薄板铝框是否有损伤，该更换的要更换；结构胶是否有异常现象；抽样作结构胶粘结测试。

8. 初安装

安装时每组4～5人，安装分为检查寻找陶瓷薄板，运陶瓷薄板，调整方向，将陶瓷薄板抬至安装位，放至框架位置，对胶缝，上压板和扣块、铝合金装饰条几个步骤。

9. 调整

陶瓷薄板板块初装完成后就对板块进行调整，调整的标准，即横平、竖直、面平。横平即横梁水平，胶封水平；竖直即竖梁垂直、胶封垂直；面平即各陶瓷薄板在同一平面内或弧面上。室外调整完后还要检查室内该平的地方是否平，各处尺寸是否达到设计要求。

10. 固定

陶瓷薄板板块调整完成后马上要进行固定，主要是用压板和压块进行固定。上压板及压块时时要上正压紧，杜绝松动现象。

11. 验收

每次陶瓷薄板安装时，从安装过程到安装完后，全过程进行质量控制，验收也是穿插于全过程中，验收的内容有：板块自身是否有问题，陶瓷薄板板块是否有错面现象，室内铝材间的接口是否符合设计要求，验收记录、上锁块固定属于隐蔽工程的范围，要按隐蔽工程的有关规定做好各种资料。

12. 注胶及清洁

陶瓷薄板、装饰板等板块安装调正后即开始注密封胶，该工序是防雨水渗漏和空气渗透的关键工序。

工艺流程：填塞泡沫棒→清洁注胶缝→粘贴刮胶纸→注密封胶→刮胶→撕掉刮胶纸→清洁饰面层→检查验收。

清洁收尾是工程竣工验收前的最后一道工序，虽然安装已完工，但为求完美的饰面质量此工序亦不能马虎。装饰条在最后工序时揭开保护膜胶纸，用清水冲洗干净，若洗不净则应通知供应商寻求其他办法解决。

13. 检验及入库

检验合格成品入库，按标识作好记录，以备查找。

Chapter 06

陶瓷板的工程
应用与案例

与传统陶瓷砖相比，陶瓷板具有强大的功能优势。陶瓷板产品不但改变了传统陶瓷砖产品尺寸小、既厚又重的缺点，具有大尺寸、既轻又薄，而且保持了陶瓷材料的高硬度、高韧性、耐热、耐酸碱、防菌、抗污、易清洗等特点，是21世纪革命性的建筑装饰材料。产品广泛适用于大楼内外空间、机场、隧道、地铁、车站等公共空间，艺术景观、酒店大厅、实验室、医院等特殊空间，现代厨卫空间，室内空间，是塑造美化空间的最佳装饰材料。配合专业设计，可打造出不同凡响的内在品质而成为建筑装饰绿色、智慧的精品。

本章以广东蒙娜丽莎新型材料有限公司生产的瓷质板和山东淄博德惠来装饰瓷板有限公司生产的纤瓷板为例介绍陶瓷板的工程应用与案例。

第一节

陶瓷板工程应用系统标准和规范

这里重点介绍薄法施工系统、建筑幕墙系统、保温一体化系统和铝蜂窝复合挂装系统的技术支持标准和规范等。

一、薄法施工系统

1. 系统定义

按《建筑陶瓷薄板应用技术规程》（JGJ/T 172—2012）的规定，薄法施工也称镘刀法，用锯齿镘刀将水泥基胶粘剂均匀刮抹在施工基层上，然后将薄瓷板以揉压的方式压入胶粘剂中，形成厚度仅为3～6mm的强力粘结层的施工方法。

2. 相关标准规范

（1）相关材料标准

《陶瓷板》（GB/T 23266—2009）

《陶瓷墙地砖胶粘剂》（JC/T 547—2005）

《陶瓷墙地砖填缝剂》（JC/T 1004—2006）

（2）设计通用图集

国家建筑标准设计参考图集：《建筑陶瓷薄板和轻质陶瓷板工程应用——幕墙、装修参考图集》（13CJ43）。

（3）相关验收标准

《建筑陶瓷薄板应用技术规程》（JGJ/T 172—2012）

《建筑装饰装修工程质量验收规范》（GB 50210—2001）

《建筑地面工程施工验收规范》（GB 50209—2002）

《外墙饰面砖工程施工及验收规程》（JGJ 126—2000）。

3. 系统特点

（1）该系统能减轻建筑物的自重，以达到节约建筑材料、打造环保节能的建筑目的，尤其对旧房改造的表现更为突出。

（2）建筑陶瓷薄板本身厚度仅为5.5mm，粘结厚度约5mm，整个安装系统厚度仅为10mm左右，可大大拓宽建筑空间，提高建筑物的空间利用率。

（3）该系统具有防火A1级，有较强的耐久性、抗冲击、耐融冻等，而且具有抗泛碱和白华的优势，使建筑物保持长久弥新。

（4）该系统施工方法简便，后续维护费用较低，能节约施工综合造价，且施工过程中不产生污染，施工后不产生任何有害物质，是真正意义的绿色环保施工。

4. 系统应用范围

该系统适用于室内墙、地面及抗震设防烈度不大于8度、粘贴高度不大于24m的室外墙面等饰面（超过24m的室外墙身，可进行专项设计，经论证认可后可使用），可广泛应用于各类公共建筑、居住建筑。

二、建筑幕墙系统

1. 系统定义

由陶瓷板与支承结构体系（支承装置与支承结构）组成的，可相对主体结构有一定位移能力或自身有一定变形能力，不承担主体结构所受作用的建筑外围护墙或装饰性结构。目前适用于陶瓷板的幕墙安装方式为框支承陶瓷板幕墙。它是由陶瓷板周边以金属框架支承的陶瓷板幕墙，框支承陶瓷板幕墙可分为隐框陶瓷板幕墙、明框陶瓷板幕墙。

2. 相关标准规范

（1）相关材料标准

《陶瓷板》（GB/T 23266—2009）

《建筑用硅酮结构密封胶》（GB 16776—2005）

《硅酮建筑密封胶》（GB/T 14683—2003）

《铝合金建筑型材》（GB/5237.1—5237.6）

《碳素结构钢》（GB/T 700—2006）

（2）设计通用图集

国家建筑标准设计参考图集：《建筑陶瓷薄板和轻质陶瓷板工程应用——幕墙、装修参考图集》（13CJ43）

广东省建筑标准设计通用图集：《陶瓷薄板建筑幕墙构造》（粤11J/713）

（3）相关验收标准

《建筑陶瓷薄板应用技术规程》（JGJ/T 172—2012）

《建筑幕墙》（GB/T 21086—2007）

《玻璃幕墙工程技术规范》（GJ 102—2003）

《金属与石材幕墙工程技术规范》（JGJ 133—2001）

《铝合金结构设计规范》（GB 50429—2007）

《建筑幕墙气密、水密、抗风压性能检测方法》（GB/T 15227—2007）

《建筑幕墙平面内变形性能检测方法》（GB/T 18250—2000）

《高层民用建筑设计防火规范》（GB 50045—95）（2005年版）

《建筑防火封堵应用技术规范》（CECS 154:2003）

《建筑装饰装修工程质量验收规范》（GB 50210—2001）

（4）系统特点及优势

1）该系统具有优异的A1级防火性能，可完全满足各种装饰面与外墙保温的防火规定要求；

2）该系统结构科学合理，板材与主体结构之间为非刚性的机械连接，具有极好的稳定性，安全性；

3）建筑陶瓷薄板采用带承托方式的背框进行组装，并背网加肋，确保了建筑陶瓷薄板的安全性；

4）现场安装方便快捷，幕墙骨架布置后可分区分片安装，有利于现场流水线的合理安排，保证施工进度；

5）工厂化生产加工，加工和安装精度高，质量保证，施工中不产生粉尘等现象，可减少大量的建筑垃圾，真正体现绿色建筑的内涵。

（5）系统应用范围

适用于建筑内、外墙面等饰面，可广泛应用于各类公共建筑、居住建筑以及高层建筑物等。

三、保温一体化系统

1. 系统定义

陶瓷薄板外墙外保温装饰一体化节能系统是由建筑陶瓷薄板饰面、燕尾槽式铝合金承托构件、保温芯材、低衬等组成，建筑陶瓷薄板粘结预埋燕尾槽式铝合金承托构件后，再与保温芯材（防火B1级以上）通过专用胶粘剂复合成形，采用点挂、粘贴的双保险方式与基墙实现可靠连接的施工方法。

2. 参照标准规范

（1）相关材料标准

《陶瓷板》（GB/T23266—2009）

《陶瓷墙地砖胶粘剂》（JC/T547—2005）

《干挂石材幕墙用环氧胶粘剂》（JC887—2001）

《硅酮建筑密封胶》（GB/T14683—2003）

（2）相关验收标准

《建筑材料及制品燃烧性能分级》（GB8624—2006）

《高层民用建筑设计防火规范》（GB50045—95）（2005年版）

《保温装饰板外墙外保温系统材料》（JG/T287—2013）

《严寒和寒冷地区居住建筑节能设计标准》（JGJ26—2010）

《公共建筑节能设计标准》（GB50189-2005）

3. 系统特点及优势

（1）陶瓷薄板外墙保温一体化节能系统保温芯材可根据节能要求、防火要求等变换各类的保温材料，满足各类建筑节能等级；

（2）陶瓷薄板外墙保温一体化节能系统以陶瓷薄板为饰面，饰面丰富，各项性能优越，装饰效果极佳且经久弥新，质体轻又可大大减轻建筑负重。

（3）系统结构科学合理，安全可靠，燕尾槽式铝合金承托挂件采用改性环氧结构胶直接与陶瓷薄板背面进行粘贴，燕尾槽与改性环氧结构胶相互嵌合形成超强的粘结力，确保承托挂件粘结牢固可靠，系统安装时采用点挂以及粘贴成双保险方式。

（4）系统适用范围

该系统适用于全国所有区域新建、扩建、改建的公共建筑和居住建筑外墙保温与装饰，可以完全满足各类建筑的节能要求。

四、铝蜂窝复合挂装系统

1. 系统定义

由建筑陶瓷薄板饰面、铝蜂窝结构、铝合金背框等复合成整体板，形成系统稳定、牢固可靠的挂装方法。

2. 相关标准规范

（1）相关材料标准

《陶瓷板》（GB/T 23266—2009）

《建筑用硅酮结构密封胶》（GB 16776—2005）

《铝合金建筑型材》（GB/5237.1—5237.6）

《碳素结构钢》（GB 700—2006）

《普通装饰用铝蜂窝复合板》（JC/T 2113—2012）

《建筑外墙用铝蜂窝复合板》（JG/T 334—2012）

（2）相关验收标准

《人造板材幕墙》（13J103—7）

《金属与石材幕墙工程技术规范》（JGJ 133—2001）

《建筑装饰装修工程质量验收规范》（GB 50210—2001）

3. 系统特点及优势

（1）系统材料可实现工厂化生产加工，加工精度高，质量保证，现场施工方便快捷、效率高，可快速完成工程项目；

（2）薄瓷板色泽丰富、纹理清晰、大方气派，无放射性、经久耐用，可满足各类空间的装饰需求；

（3）该系统形成坚韧的整体，具有超强的耐撞击性能，安全性能高，可应用于各类场所；

（4）该系统相对其他建筑装饰材料在造价上具有明显优势和无与伦比的性价比。

4. 系统适用范围

适用于各类建筑的室内装饰，尤其是各类大空间场所，如地铁、机场、火车站、汽车站等。

第二节

瓷质板的工程应用与案例

为了让瓷质板更好地适用于不同领域工程，让设计方、施工方、业主方更放心选用，蒙娜丽莎公司一直致力于研发陶瓷薄板在不同工程领域的技术应用系统，为陶瓷薄板的实际应用提供技术支持的保障。

到目前为止，蒙娜丽莎公司已经出台《建筑陶瓷薄板幕墙干挂结构》、《轻质陶瓷薄板幕墙干挂结构》、《建筑陶瓷薄板铝蜂窝复合挂装系统》、《建筑陶瓷薄板保温装饰一体化结构》、《建筑陶瓷薄板挂贴结构等技术应用系统》等标准和规范。

一、瓷质板的工程应用特点

1. 瓷质板的特点

瓷质板（又称陶瓷板、薄瓷板、陶瓷薄板等）是一种由陶土、矿石等多种无机非金属材料，经成形、烧成等工艺制成的厚度不>6mm、面积不<1.62m²的板状陶瓷制品。瓷质板具有以下六大性能优势。

（1）无机材料。 无机材料高温烧成，材料整体及其应用系统达到燃烧性能A1级（不燃性）防火要求，完全能满足日趋严格的设计、使用防火要求。

（2）大/薄/轻/硬。 1800×900（mm）大规格，接缝少、易清洁保养；安装效率高；厚5.5mm、12.5kg/㎡、7级硬度、密度2.38g/cm³，易于切割加工，减轻建筑载重负荷，减少空间损失。

（3）性能稳定。 1200℃高温烧成、吸水率≤0.5%、耐化学腐蚀性UHA级；质感好、色泽丰富，不掉色、不变形；抗釉裂、抗冻性；防污自洁；耐酸碱腐蚀。

（4）安全牢固。 断裂模数均值59MPa，破坏强度均值1031N，耐磨性89～95mm²，弹性系数20mm，韧性足，抗冲击，成熟的技术系统保障应用的安全。

（5）环保健康。 放射性核数限量属A类产品，适用于任何对健康高要求的建筑室外生活空间，是绿色健康的环保材料。

（6）装饰性强。 超薄板材装饰可塑性强，可随意切割搭配，大规格应用，装饰效果大气一体化，花色丰富，可广泛用于建筑外墙、室内墙地面装饰。

2. 瓷质板的工程应用优势

（1）媲美天然石材的装饰效果。陶瓷薄板逼真还原了天然高档石材的自然肌理，仿真度达95%以上，可随意切割搭配，完美实现天然大理石纹理自然拼接，装饰效果更自然大气。

（2）安装施工便捷。陶瓷薄板工业化生产、加工，可满足同一花色大批量供货、安装的需求，大大缩短施工周期，避免天然石材同一花色供货、补货需要等待及不同批次有色差的问题。

（3）重量轻。陶瓷薄板的厚度仅3～6mm，仅有石材1/4的重量，单位运输成本、施工成本、采购成本等综合比对，是高端天然石材的1/10。

（4）旧楼改造升级，造价成本更低。对于建筑外立面及室内空间的升级改造，无需拆除原有石材或瓷砖，可直接以薄法施工方式，增加5.5mm板材和3mm瓷砖胶（总厚度不超过1cm）的陶瓷薄板装饰层，省去大量的人力、物力、财力等成本。

（5）节能节材、绿色健康的新型材料。陶瓷薄板经原料优选，严格检测和生产后，确保环保无辐射的同时，放射性核数限量更达A类产品级别，适用任何对健康高要求的建筑空间。建筑幕墙采用现场干法作业，施工无任何粉尘产生，是绿色建筑的绝佳装饰材料。

（6）专业、成熟的安装施工配套技术。当前陶瓷薄板已拥有六大技术系统和两大应用图集，可提供专业的建筑外立面幕墙、室内墙地面装饰等工程应用配套的技术服务，所有的技术符合建筑行业相关的国家标准和技术规程。

二、瓷质板的工程应用概况

随着全国城市化进程不断加快，新增建筑面积逐年上升，对建材的需求量也在快速增长，作为新型绿色装饰材料，蒙娜丽莎陶瓷薄板凭借其优越的产品性能，受到了很多设计单位、建筑师等业内人士的高度关注。陶瓷薄板已被大量应用于定位为绿色建筑的大型地标性项目的建筑幕墙、室内外墙地面装饰，成为众多大型工程建筑首选的新型绿色建材。陶瓷薄板在不同领域工程得到广泛应用。

（1）医院工程项目

医院日常的人流量相对较大，对卫生洁净度要求较高。医院的空间装饰不仅要确保环境的安全，而且要使防尘、防火、耐污、耐腐蚀、抗菌、抗辐射等技术指标能符合日常的使用要求。陶瓷薄板经1200℃烧结，表面光滑明亮，不吸污、不渗污，具有较强的自洁功能，可减少细菌的留存与生长，降低医院环境出现交叉感染的可能。大规格的陶瓷薄板装饰整体性强、接驳少、缝隙小，进一步降低细菌滋生的概率，是医院各科室及公共空间等场所地面、墙面的极佳装饰材料。蒙娜丽莎陶瓷薄板在医院工程项目部分案例一览表见表6-1。

蒙娜丽莎陶瓷薄板在医院工程项目部分案例一览表　　表 6-1

项目名称	产品用量（m²）	应用范围
广东省东莞市大朗医院	6000	室内墙面
山东日照市人民医院	25000	室内墙面、地面
浙江省台州路桥人民医院	8000	室内墙面
江苏省苏州市中医院	10000	室内墙面
广东省韶关市粤北人民医院	5000	建筑外立面装饰
内蒙古阿拉善盟中心医院	5000	室内墙面
内蒙古阿拉善盟经济开发区医院	5000	室内墙面
内蒙古赤峰安定医院（军区）	10000	室内墙面
新疆石河子医院	10000	室内墙面、地面
宁夏人民医院	30000	室内墙面、地面
山东淄博中心医院	10000	室内墙面
韶关市粤东人民医院	10000	室内地面
山东滨州人民医院	20000	室内墙面
浙江省金华中医院	5000	室内墙面
河南洛阳东方医院	10000	室内墙面
宁夏银川市人民医院	6000	室内墙面、地面
江苏省苏州太仓市中医院	15000	建筑幕墙
泰州市高港中医院	5000	室外墙面
浙江省杭州市肿瘤医院	20000	室内墙面、地面
山西医科大学第一医院保健康复大楼	4000	室内墙面
天津市胸科医院	20000	室内墙面
山东省淄博市昌国医院	30000	室内墙面
山西长治人民医院	25000	室内墙面
鄂尔多斯康巴什人民医院	5000	室内墙面
深圳南山区保健医院	12000	室内墙面、地面
锡林浩特市精神康复医院	5000	室内地面
江西九江长江药业集团研发楼	8000	建筑外立面装饰
济南市工业北路第三人民医院	12000	室内墙面、地面
浙江省儿童医院	3800	室内墙面

（2）市政工程项目

　　城市隧道、地铁站、机场、车站等市政工程是城市的对外名片，体现的是一座城市的品位。蒙娜丽莎陶瓷薄板以大、薄、轻、硬的特点及成熟的安装系统，施工便捷，大大缩短施工周期，维护成本低，耐久性强。陶瓷薄板还可作为艺术壁画的基材，可定制文化装饰画用于墙体装饰，是展现城市独特的文化的极佳载体。蒙娜丽莎陶瓷薄板在市政工程项目部分案例一览表见表6-2。

蒙娜丽莎陶瓷薄板在市政工程项目部分案例一览表　　　　表 6-2

项目名称	产品用量（m²）	应用范围
佛山市海八路金融隧道	23000	隧道内壁装饰
南京市凤台南路隧道	2500	隧道内壁装饰
武汉市八一路隧道	10000	隧道内壁装饰
南京市地铁二号线南大仙林校区站	1000	站台墙体装饰
南京市台湾广场小龙湾地铁站	3000	站台墙体装饰
南京地铁宁天线地铁站	500	站台墙体艺术装饰
武汉地铁	800	站台墙体艺术装饰
深圳市地铁	300	站台墙体艺术装饰
南京南站	1000	站台墙体装饰
景德镇机场航站楼	1000	建筑幕墙文化装饰
昆明市长水国际机场贵宾楼接待大厅	600	室内墙体装饰
佛山市季华路汾江隧道	5000	隧道内壁装饰
佛山市季华路华宝隧道	5000	隧道内壁装饰

（3）大型商业建筑工程项目

商业建筑作为城市商业场所，体现城市时尚化、现代化、国际化的设计理念。陶瓷薄板拥有丰富的不同表面质感与各类颜色款式品种，丰富的表面质感与款式品种，适合呈现多样的设计风格，具有极高的装饰品位，同时符合绿色建筑评价指标，为商业地产带来长效增值。陶瓷薄板具有较强抗污易洁功能，不易粘尘，室内方便清洁保养，室外无惧日晒雨淋，室内无惧繁杂人流，长期确保舒适美观的环境。蒙娜丽莎陶瓷薄板在商业建筑工程部分案例一览表见表6-3。

蒙娜丽莎陶瓷薄板在商业建筑工程部分案例一览表　　　　表 6-3

项目名称	产品用量（m²）	应用范围
杭州生物医药创业基地	50000	建筑幕墙
内蒙古包头国际金融文化中心	155000	建筑幕墙、室内墙地
湖南长沙温德姆酒店	23000	建筑幕墙
重庆轨道交通六号线一期大竹林综合基地	50000	建筑幕墙
天津农业银行总行培训中心	10000	建筑幕墙
韶关韶能大厦	13000	建筑外立面装饰
浙江传媒大厦	10000	室内墙体装饰
重庆盛汇广场新世纪百货大厦	10000	外立面
上海意邦全球建材饰界	60000	外立面
漳州佰马城	8000	外立面
漳州新城广场	4500	外立面

项目名称	产品用量（m²）	应用范围
漳州嘉荣投资担保大楼	23000	外墙
湖南娄底三元城南壹号商业楼	3917	外墙
平顶山郏县商业街	5000	外墙
福建海联大厦	8000	外墙
湖南怀化五溪商业中心	2000	外墙
庆阳嘉年华洗浴中心	6000	内墙、外墙、地面
常州联合布业有限公司办公楼	1200	室外墙身
江苏嘉宸合金科技有限公司办公楼	1000	室外墙身
宜兴和田科技有限公司办公楼	2000	室外墙身
韶关嘉乐建材广场	3300	室外墙身
湖北省安陆市永安广场	6000	室外墙身
湖南步步高商贸广场	2000	内外墙
高明中港广场	7000	建筑幕墙

（4）酒店工程项目

酒店作为住宿、休闲、会议等的场所，室内空间需时刻保持舒适、洁净，为旅客提供最好的服务。外立面的装饰则要求保持长期的美观以及气派的氛围，这对墙面装饰材料的清洁功能要求较高。陶瓷薄板经1200℃烧结，表面光滑明亮，不吸污不渗污，具有较强的自洁功能，为客人提供舒适、洁净的环境。此外，酒店属于人流量较大的地方，酒店的安全性关乎了众多旅客的安全，陶瓷薄板超过A1级的防火品质，完全能满足高层建筑严格的防火要求。蒙娜丽莎陶瓷薄板在酒店工程项目部分案例一览表见表6-4。

蒙娜丽莎陶瓷薄板酒店工程项目部分案例一览表　　　表6-4

项目名称	产品用量（m²）	应用范围
湖南长沙温德姆酒店	23000	建筑幕墙
上杭古田光源酒店（龙岩国宾馆）	2500	室内墙地面
长乐国惠大酒店	6000	外立面、室内地面
永定佰兰德大酒店	3500	外立面
无锡凤凰国际会所	4500	室内墙地面
西宁商务酒店	10000	室内墙地面
西宁商务酒店	6000	外墙、室内墙地面
佛山高明迎宾馆	6500	外墙、室内墙地面
福州长乐国惠大酒店	2027	外墙
玉溪山水大酒店	3655	外墙
青海西宁凤栖梧酒店	4362	外墙、室内墙地面
广州市京溪酒店	3412	地面

续表

项目名称	产品用量（m²）	应用范围
拉萨千禧商务会所	14303	室内墙地面
武汉楚天大酒店	1649	室内地面
湛江华山酒店	1500	室内地面
平顶山市水立方商务会所	3000	室内墙地面

（5）商业空间装饰项目

商业空间包括银行、保险、证券等金融机构营业厅和超市、商场、购物广场、餐饮等服务业场所的室内空间，商业空间人流量较大，装饰要求具有一定的特殊性。蒙娜丽莎陶瓷薄板石材有高仿真度的效果，装饰简洁大气，具有美观、耐磨等特色，可完美替代建筑内外墙地面的石材使用。产品性能安全防火，大规格板面接缝小，表面光亮易洁耐磨，可完美打造美观高效的空间氛围。蒙娜丽莎陶瓷薄板在商业空间工程项目部分案例一览表见表6-5。

蒙娜丽莎陶瓷薄板商业空间工程项目部分案例一览表　　　表6-5

项目名称	产品用量（m²）	应用范围
湛江商业银行	3360	室内墙地面
唐山人保财险办公楼大厅	301	室内墙地面
福建宁德财政大楼	1959	室内墙地面
苏州交通银行	1959	室内墙面
浙江新昌银行	301	室内墙地面
浙江传媒大厦	10000	室内墙体装饰
合生（深圳）珠江广场	5000	室内墙地面
临沂临商银行	22000	室内墙地面
浦发银行杭州分行	1000	室内墙地面
湛江建设银行金沙湾支行	600	室内墙地面
交通银行西樵支行	600	室内墙地面
南粤银行（湛江市内各支行）	5600	室内墙地面
德阳中国人寿营业厅	700	室内墙面
淄博红糖果 KTV	433	室内墙面
吉林白山市西塘圣筵酒楼	3500	内墙、地面
沈阳国锋大厦	5000	室内地面
大连大商金石滩商业广场	3000	室内墙、地面
南京爱尚天地	5000	室内墙、地面
万兴都办公楼	1657	室内墙面
福州品尚连锁足浴城	987	室内地面
温岭建筑业大厦	3596	室内墙面
鄂尔多斯加油站	345	室内墙面

续表

项目名称	产品用量（m²）	应用范围
大连大商金石滩商业广场	3115	室内墙、地面
珠江新城珠光商务大厦	1429	室内地面
宜兴市裕膳肪（餐饮楼）	800	室内墙、地面
唐山某烤鸭店	800	室内墙、地面
台州必克鞋业有限公司	1500	室外墙面
嘉兴曹府私房菜馆	300	室外墙面

（6）住宅房地产装饰项目

住宅楼盘是人们居住的场所，关系到居民的生活质量和生活方式，蒙娜丽莎陶瓷薄板始终秉持绿色与低碳的理念，迎合了绿色人居空间环境的装饰要求。除了极佳的理化性能之外，还拥有丰富的不同表面质感与各类颜色款式品种，适合呈现多样的设计风格。陶瓷薄板可与多种保温材料复合安装，具有"保温、防火、装饰"的三合一功能，适合冬冷夏热的全国各地不同气候环境的房地产楼盘项目的外墙及室内空间装饰。蒙娜丽莎陶瓷薄板在住宅房地产工程项目部分案例一览表见表6-6。

蒙娜丽莎陶瓷薄板在住宅房地产工程项目部分案例一览表　　　　表 6-6

项目名称	产品用量	应用范围
武汉万科圆方	8000m²	建筑外立面
龙岩杭鑫汇景	2000m²	建筑外立面
德阳中亚·水岸花都	8000m²	建筑外立面
成都上港领地中心	3000m²	建筑外立面
湛江吴川别墅	1500m²	建筑外立面
福安绿缘商厦	3000m²	建筑外立面
福建海联大厦	8000m²	建筑外立面
德阳东方阁	3000m²	建筑外立面
漳州太武城	12000m²	建筑外立面
漳州龙保花园	600m²	建筑外立面
上海安亭翡翠公馆	10000m²	建筑外立面
北京唐家岭新城图景家园	46000m²	裙楼幕墙
泰格世纪地产	12203m²	室外墙身
怀华市圆艺地产	2109m²	内墙、地面
韶关碧水花城	2852m²	室外墙身
宜兴滨水新城	452m²	外墙
唐山四季地产办公楼	2000m²	室内墙、地面
宜兴市滨水新城一期安置房	12000m²	外墙、室内墙、地面
南京旭建商住大厦	整体家居	公共空间室内墙、地面
泰州尊园花园	整体家居	室内墙、地面

续表

项目名称	产品用量	应用范围
山东邹平县星河上城	整体家居	室内墙、地面
江苏泰州格林美郡	整体家居	室内墙、地面
山西晋城竹园小区	整体家居	室内墙、地面
海南三亚蓝波湾公寓	整体家居	室内墙、地面
上海绿洲香格丽花园	整体家居	室内墙、地面
茂名化州堂北村别墅	整体家居	外墙、室内墙、地面
福州永泰吉祥小区	整体家居	室内墙、地面

（7）节能改造工程项目

蒙娜丽莎陶瓷薄板以其薄形化和轻量化的特征，也能为运输工作带来更大便利，对于旧楼改造升级更具有巨大的优势。不仅造价成本更低，施工也便捷，对于建筑外立面及室内空间的升级改造，则无需拆除原有石材或瓷砖，可直接以薄法施工方式增加由5.5mm板材+3mm瓷砖胶。总厚度不超过1cm的陶瓷薄板装饰层，不会增加建筑物的重量荷载。应用施工时也省去大量的人力、物力、财力等成本。蒙娜丽莎陶瓷薄板在节能改造工程项目部分案例一览表见表6-7。

蒙娜丽莎陶瓷薄板节能改造工程项目部分案例一览表　　　　　表 6-7

项目名称	产品用量（m²）	应用范围
佛山东方广场	10000	外立面
广东科达机电集团绿馆	3300	建筑幕墙、室内地面
广东佛山金谷光电产业园办公楼	7000	建筑幕墙
哈尔滨辰昊幕墙厂房改造	528	外墙
成都风貌改造	6000	室外墙身
佛山工商联大厦	5000	建筑幕墙
蒙娜丽莎集团总部	20000	建筑幕墙

（8）政务工程项目

政务系统工程是机关、企事业单位进行事务性工作的场所。大规格建筑陶瓷薄板作为建陶瓷行业的发展趋势新产品，以"大、薄、轻"的特点，既秉承无机材料的优势性能，又有简约大气的装饰效果，更能体现政务办公场所亲民特色，可完美符合政务工程的装饰需求。蒙娜丽莎陶瓷薄板政务系统工程项目部分案例一览表见表6-8。

蒙娜丽莎陶瓷薄板政务系统工程项目部分案例一览表　　　　　表 6-8

项目名称	产品用量（m²）	应用范围
中国建筑标准设计研究院	1000	室内地面
天津国家电网	1200	室内墙体

续表

项目名称	产品用量（m²）	应用范围
启东质量技术监督局大楼	8000	建筑幕墙
江苏省常务委员会	1000	室内地面
皱平县公安局	1000	室内墙体、地面
湖北咸宁司法局大楼	6000	室外墙身
邹平县韩店镇人民政府	1000	室内墙体、地面
宁夏回族自治区政府	7469	内墙、地面
福州中国电信大厦	6000	建筑外立面
龙岩上杭县消防局	1000	室内墙体
某部队军史馆	5000	室内墙体、地面
湛江消防大队	1000	室内墙体、地面
中国（海南）改革发展研究院	12000	建筑外立面
福建省画院	3000	外立面、室内墙体、地面
福州大学图书馆	2500	建筑外立面
鄂尔多斯职业学院	6000	室内
韶关曲江文化中心	10000	建筑外立面
淄博文化中心	6000	室内墙体、地面
深圳坪山行政服务中心	4000	室内地面
洛阳市涧西地税局	6000	室内墙、地面
武汉市黄平区党群中心外墙	3318	外墙
任丘华北油田东风区金融服务中心	1808	外墙
福建福州长乐电力调度中心	2712	内墙
河北华北油田便民服务站	3000	外墙
贵州中石油系统	3000	外墙
江西吉安政府大楼	3000	外墙
淄博周村人民法院	1200	室内墙面
江西吉安政府大楼	5000	室内墙地面

（9）工业地产项目

工业地产是在我国产业转移、转型升级，为实现从"中国制造到中国创造"转变的目标的大背景下而催生出来的新型经济体，包括旧厂房改造和新建工业园、科技园、文化创意产业园、物流城、企业总部基地等。工业地产的建筑建设及装饰材料应符合推动产业升级的理念，包括：①引进先进建筑施工技术，选用绿色环保的新型材料；②践行低碳经济，建造节地、节水、节能、节材的绿色建筑；③创造一个自然、生态、绿色、环保的产业园区。

蒙娜丽莎陶瓷薄板秉持绿色环保理念，是节能节材的新型材料，符合各种绿色建材、绿色建筑的各种评价指标，是工业地产项目室内外装饰的最佳装饰材料，可完美体现产业发展理念。蒙娜丽莎陶瓷薄板工业地产工程项目部分案例一览表见表6-9。

蒙娜丽莎陶瓷薄板工业地产工程项目部分案例一览表　　　　　表 6-9

项目名称	产品用量（m^2）	应用范围
南京紫金（浦口）科技创业特别社区	40000	建筑幕墙
南京光一科技有限公司办公楼	2000	外墙
宜兴和田科技材料有限公司办公楼	2000	外墙
上海康呈实业有限公司办公楼	7000	外墙
台州必克鞋业有限公司办公楼	1500	外墙
剑南春集团－四川金瑞电工有限公司办公楼	8000	外墙
成都禅德太阳能公司厂房及办公楼	5000	外墙
中国建材集团—成都中光电	11000	外墙
山东开泰集团办公楼	1000	室内墙面、地面
广东菱王电梯有限公司	10000	建筑幕墙
江苏峰盛环保办公大楼	2000	外墙
江苏嘉宸合金科技有限公司	1000	外墙
南海绿电垃圾焚烧发电二厂烟囱	12000	外墙
维泰办公大楼	8000	室内墙面
鄂尔多斯矿山办公大楼	4500	室内墙面
南通市滨海园区控股发展有限公司办公大楼	4709	室内墙面
泰兴市富士时装有限公司办公楼	1958	外墙
台州玉环经济开发区科技综合大楼	3013	室内墙面
四川阿坝州工业开发区办公楼	1968	室内墙面
江苏天地龙电缆有限公司办公大楼（宜兴）	2711	外墙
平顶山棉纺厂	1245	外墙
广州数控设备有限公司研发大楼	4385	室内墙面
苏州海峰公司厂房大楼	1978	外墙
鄂尔多斯弓塔某矿办公室	2697	室内墙面
江苏医疗器械科技产业园办公楼	2000	室内墙面
成都新华能	3000	外墙
绵阳旭虹光电	6000	外墙

三、瓷质板的工程应用案例

1. 武汉万科·圆方地产项目

应用范围：建筑外立面装饰

应用面积：8000㎡

建设地点：湖北省武汉市

开发单位：武汉市万科房地产有限公司

项目位于四川德阳市旌阳区嵩山街，占地30余亩，6栋纯点式电梯住宅，100余m的超阔楼间距，低密度的住宅建筑率，为住户提供足够的享受空间。

项目在建筑外立面上应用了陶瓷薄板为裙楼装饰，令建筑物外观高档大方，凸显了楼盘的优质形象。同时，项目室内墙面采用了同系列的陶瓷薄板，薄板的轻、薄、大的产品特点，切合了楼盘追求低碳环保的绿色生活要求（图6-1）。

2. 广东韶关韶能大厦

应用范围：建筑外立面装饰

应用面积：13000m²

建设地点：广东省韶关市

蒙娜丽莎低碳轻质陶瓷薄板在韶能大厦28层的外立面应用，迎合了现代商业办公大楼外观装饰的诉求，与项目周边建筑完美地融合，成为城市的一道亮丽风景。同时，该项目外立面采用新型薄法湿贴工艺进行铺贴，高度达109m，开创了低碳轻质陶瓷薄板应用薄法湿贴的工艺的新高度（图6-2）。

3. 景德镇机场航站楼

应用范围：建筑幕墙文化装饰

建设地点：江西省景德镇市

应用面积：1000㎡

作为景德镇城市新貌的窗口，景德镇机场理所当然应体现千年瓷都的文化风貌。蒙娜丽莎陶瓷薄板集环保与创意为一体，能完美实现反映独特地域文化的创意需要，景德镇机场独特的外立面展示了陶瓷薄板的强大的配套定制服务的能力（图6-3）。

图6-1　武汉万科·圆方地产项目　　　　　　　　　　图6-2　广东韶关韶能大厦

图6-3　景德镇机场航站楼

4. 重庆盛汇广场新世纪百货大厦

应用范围：建筑外立面装饰

应用面积：10000m²

建设地点：重庆市渝北区

投资单位：重庆帝景摩尔房地产开发有限公司

位于重庆南坪的帝景摩尔商业广场是帝景集团南岸中心商圈打造的一个重量级商业物业。项目总占地面积36000m²，其中商业占地62000m²。该项目集商业、娱乐、休闲等功能于一体，人性化的设计令该项目迅速成为新的一个中心商圈。该项目在外立面的设计上采用了蒙娜丽莎建筑陶瓷薄板，充分展现了商业大厦极具个性化的现代特色（图6-4）。

5. 德阳东方阁

应用范围：建筑外立面

应用面积：3000m²

建设地点：四川省德阳市

开发单位：德阳市民福房地产开发有限公司、四川东电房地产开发有限公司

蒙娜丽莎陶瓷薄板最大能达到20°弯曲，德阳东方阁项目充分发挥这款新型建筑材料和建筑结构的性能特点，蒙娜丽莎的陶瓷薄板完美贴合建筑物的弧度，大块渐成，干净利落（图6-5）。

6. 中国（海南）改革发展研究院

应用范围：建筑外立面

应用面积：12000m²

建设地点：海南省海口市

中国（海南）改革发展研究院是一家以转轨经济理论和政策研究为主，培训、咨询和会议产业并举的独立性、网络型、国际化改革研究机构。项目使用蒙娜丽莎建筑陶瓷薄板作建筑外立面装饰，采用环保工艺薄法施工进行铺贴，整体应用凸显了现代绿色建筑的新理念（图6-6）。

图 6-4　重庆盛汇广场新世纪百货大厦

图 6-5　德阳东方阁工程

图 6-6　中国（海南）改革发展研究院工程

7. 佛山海八路金融隧道

应用范围：隧道内壁装饰

应用面积：23000m²

建设地点：广东省佛山市

设计单位：上海市市政工程设计研究总院

承建单位：上海市第二市政工程有限公司、广州市市政集团有限公司

作为全国横向最宽、车道最多的大型城市隧道，同时也是"最绿色"的隧道，佛山海八路金融隧道位于广佛同城"大动脉"桂丹主干道上，全长2.08km，工程总投资13.2亿元。

金融隧道连续下穿锦园路北延线、桂澜路、宝翠北路、华翠海北路，并在隧道中段（桂澜路—宝翠北路）两侧对称设置两座地下车库，车辆可通过隧道直接进入车库，总建筑面积近4万m²。此工程于2010年3月10日举行动工仪式，隧道主体结构于2011年9月18日完成，并于12月31日顺利进行了通车。

整个隧道采用超高标准设计，其两大最大亮点是全程安装节能LED灯与隧道装饰板为节能环保新型板材——规格为1800×900×5.5（mm）的陶瓷薄板，其使用量达到23000m²，安装仅用了28天，充分体现了此工程的节能和绿色（图6-7）。

8. 江西吉安政府大楼

应用范围：室内装饰

应用面积：5000m²

建设地点：江西省吉安市

江西吉安政府大楼选用了蒙娜丽莎高耐磨系列陶瓷薄板铺贴地面，装饰效果简约大气，充分体现了行政服务中心亲民的形象，同时陶瓷薄板优异的高耐磨特性保障了地面不会因为踩踏而磨损，确保装饰效果历久常新，满足了政务工程的装饰需求（图6-8）。

9. 宁夏回族自治区人民医院

应用范围：室内墙面、地面装饰

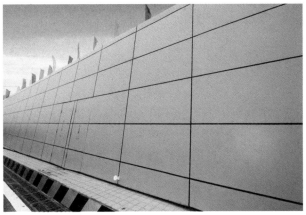

图6-7　佛山海八路金融隧道工程

图6-8　江西吉安政府大楼工程

应用面积：30000m²

建设地点：宁夏银川市

设计单位：宁夏回族自治区建筑设计研究院有限公司

服务单位：中国中元国际工程公司

承建单位：宁夏建工集团有限公司

宁夏回族自治区人民医院创建于1971年，是一所集医疗、教学、科研、预防、保健、康复、急救为一体的三级甲等综合性医院，国际紧急救援中心网络医院，全国首批全科医师培养基地、住院医师规范化培训基地、国家高校毕业生就业示范基地、自治区继续医学教育基地、第四军医大学和宁夏医科大学教学医院。目前，医院总占地面积513亩，建筑面积25.7万m²，总床位数达2630张，固定资产10.41亿元。

新院项目室内整体采用蒙娜丽莎建筑陶瓷薄板作地面、墙体装饰，采用新型环保薄法施工工艺，在有效地解决地热资源的综合利用之余，更完美地解决了医院日常卫生、防火以及维护等难题，确保了医院室内环境长久弥新（图6-9）。

10. 杭州生物医药创业基地

应用范围：建筑幕墙、室内局部使用

应用面积：58000m²

建设地点：浙江省杭州市

图6-9　宁夏回族自治区人民医院工程

应用材料：幕墙非透明材料全部采用蒙娜丽莎陶瓷薄板50000m²，室内局部使用8000m²

认证奖项：国家级绿色建筑三星级（获奖时间：2013年）

主要功能：办公建筑

投资单位：浙江亚克药业有限公司

咨询单位：中国建筑科学研究院上海分院

设计单位：瑞士工程科学院院士、瑞士联邦理工大学教授Bruno Keller先生与北京凯乐建筑技术有限公司田原博士主导设计

杭州生物科技大厦是中国第一幢采用大规格陶瓷薄板单元式幕墙（框架式）建筑。采用"健康、舒适、节能"的建筑技术系统，着重从环境景观、健康节能性能以及经济性三个方面进行规划设计和建筑功能与形式设计。2012年落成，楼高130m，幕墙使用蒙娜丽莎陶瓷薄板，干挂高度达129.9m。项目的应用开启了为国内外百米以上的高层建筑提供了新型的幕墙材料。

杭州生物科技大厦矗立钱塘江边，外观呈圆柱形的三座超高层建筑，外墙为金属质感的灰色陶瓷面板，窗框为紫铜，紫铜的金色光泽漫反射于陶瓷面板，随着光线变化，从不同角度、不同距离，建筑立面呈现不同的色彩变化，让人敬服建筑大师对材质、色彩、角度、距离的思考设计，让世界惊叹中国建筑建材的创新实力（图6-10）。

11．江苏省苏州太仓市中医院项目

应用范围：建筑幕墙

应用面积：15000m²

建设地点：江苏省太仓市

太仓市中医院新院是一所集医疗、预防、康复、教学、科研为一体的全国二级甲等中医医院和国家级"爱婴医院"。医院以中医专科为优势，中西医结合为主，是太仓市中医临床、科研、医疗、教学的中心。

图6-10　杭州生物医药创业基地

目前是南京中医药大学、山东中医药大学和安徽中医学院的教学医院，上海中医药大学等学校的教学、实习基地。医院总占地面积16461m²，总建筑面积23091m²，其中门诊建筑面积9580m²，住院病房建筑面积11658m²（图6-11）。

图6-11 江苏省苏州太仓市中医院项目

12. 重庆轨道交通六号线一期大竹林综合基地

应用范围：建筑幕墙，室内局部使用

建设地点：重庆市大竹林

建筑面积：50000m²

认证奖项：重庆首个铂金级标识

　　　　　美国LEED-NC注册预认证

　　　　　重庆建委推荐申报国家级三星级绿色建筑设计标识

　　　　　拟申报国家、重庆市绿色建筑示范工程

主要功能：办公建筑

投资单位：重庆市轨道交通（集团）有限公司

设计单位：中铁第一勘察设计院集团有限公司

施工单位：中冶建工集团

重庆地铁大竹林综合基地作为重庆市轨道交通系统重要的组成部分，是保证城市轨道交通整个系统正常运营的后勤基地，是城市轨道交通车辆以及配套设施的整备、维修和管理中心。综合楼建筑面积63145.7m²，建筑总高约47m，地上11层，项目建筑幕墙使用蒙娜丽莎薄瓷板，使用量达50000m²。

该项目为响应国家和重庆市政府关于节能减排和打造低碳城市的要求，综合楼按照国际领先水平的绿色建筑评价体系相关技术要求，从节能幕墙、地源热泵系统、智能照明以及再生能源利用等12个方面开展绿色建筑设计，力争打造具有国际先进水平的绿色建筑（图6-12）。

13. 湖南长沙温德姆酒店

应用范围：建筑幕墙

应用面积：23000m²

建设地点：湖南省长沙市

投资单位：湖南芙蓉国企业集团

湖南长沙温德姆酒店按国际五星级标准规划建造，由全球最大的酒店管理公司——温德姆集团运营管理，是长沙乃至湖南首家真正国际级豪华品牌酒店，建筑面积达4万多m²，20层ARTDECO风格建筑，外观高耸挺拔、气势宏伟，是改变当地城市天际线的形象地标。

该酒店建筑外墙非透明部分全部采用蒙娜丽莎花岗石陶瓷薄板产品，用量达23000m²。安装技术采用幕

图 6-12　重庆轨道交通六号线一期大竹林综合基地

图 6-13　湖南长沙温德姆酒店

墙行业最为普遍的工厂化加工，现场干法作业，由于陶瓷薄板仅有石材1/4的重量，单块面积却达1.62m²，所以施工速度非常快，现场施工无任何粉尘产生，完全符合绿色建筑、绿色酒店的各项指标（图6-13）。

14. 天津农业银行总行培训中心

应用范围：建筑幕墙

建设地点：天津市南开区

应用面积：10000m²

投资单位：中国农业银行股份有限公司天津市分行

设计单位：天津市建筑设计院

承建单位：天津二建建筑工程有限公司

天津中国农业银行培训中心是天津总行旗下的一间集会议与培训于一体的机构，其建筑幕墙采用蒙娜丽莎陶瓷薄板，使用量达10000m²，项目外观整体采用啡色色调，搭配灰色的窗户装饰，展现出培训中心的特色，同时，与周边的建筑有机地融合，与此同时，该项目更实现了25天完成安装的施工效率（图6-14）。

图6-14 天津农业银行总行培训中心工程

15. 内蒙古包头金融文化中心

应用范围：建筑幕墙、室内墙地面装饰

建设地点：内蒙古包头市

应用面积：155000m²

投资单位：内蒙古中冶德邦置业有限公司

设计单位：中冶集团建筑研究总院

承建单位：内蒙古第三电力建设工程有限公司

内蒙古包头国际金融文化中心项目位于内蒙古钢铁大街、市委大楼与阿尔丁广场汇集的黄金三角板块，占地3.19万m²，总建筑面积31万m²，是由南、北三座商务塔楼建筑组成，采用南高、北低的"品"字形布局的顶级商务地标建筑。

项目外立面采用蒙娜丽莎建筑陶瓷薄板，使用量达155000m²，利用建筑幕墙技术施工，施工高度达130m，其一大亮点是通过融入与产品同色系的特质铝单板构件进行修边收口处理，使整个建筑外观极趋完美一体。项目的优异应用表现是新型建筑陶瓷薄板幕墙代替传统铝单板幕墙的典型案例（图6-15）。

图6-15 内蒙古包头金融文化中心

第三节

纤瓷板工程应用与案例

一、纤瓷板工程应用特点及效益

1. 纤瓷板的应用特点

（1）面大、体轻、壁薄。最大尺寸为：1000mm×2000mm；最薄厚度4mm（地面6mm，墙面4mm）；重量：7.5kg/m²。

（2）高硬度、高强度。硬度比传统瓷砖更高，釉面耗磨为0.018g。

（3）高韧性。结晶成纤维般组织，如木材般有弹性。

（4）耐热、防火、无辐射。以天然晶状、无机陶瓷原料和无机纤维高温烧制而成，是完全不燃烧的耐火建材，无辐射，热膨胀率比传统瓷砖低25%以上，无剥落危险，是绿色健康材料。

（5）耐酸碱。光亮、光滑的瓷化表面，耐化学药剂侵蚀。

（6）防菌、抗污、易清洗。防菌——采用特殊配方，经高温烧成，产品具有抗菌功效；抗污——表面无毛细孔，不会有毛细孔沾染灰尘，出现落尘问题；易洗——引用最新施釉技术，雨水冲洗产生自体清洁作用，常保光泽亮丽。

（7）易于烧印。可直接烧印照片、油画、艺术墙、看板，使其成为美化公共景观工程、建筑物外观、电梯间、饭店大楼、室内装潢、标示牌的最佳建材。

（8）永不褪色。经过高温烧成后不因紫外线的照射而变色或褪色，没有可溶性成分，丝毫不受日晒、雨露侵蚀之影响，永保亮丽色彩。

（9）经济实惠。一次覆盖面积比其他建材大数倍，施工及材料成本比高档大理石更加经济实惠。

（10）加工与施工容易。纤瓷板犹如木材般的韧性，加工容易，切割、凿洞不易龟裂。施工简单：突破传统瓷砖或其他装饰材料施工的复杂工序、漫长周期，施工简单，快速方便。

2. 纤瓷板工程应用效益分析

与市场上现有的墙地砖、石材等建筑装饰材料相比，纤瓷板具有明显的优越性，其推广应用后社会和经济综合效益明显。

（1）可节约大量宝贵的自然资源。超薄砖使用的原料可以减少60%以上，能源消耗也可以至少减少40%。

（2）提高施工效率，降低施工费用。由于产品规格大、薄、轻，对施工带来极大的方便。一次性施工覆盖面积大，可比传统瓷砖粘贴提高工效60%，且粘贴质量的可靠性大大提高。产品粘贴采用专用的胶泥，每平方米耗用胶泥仅6kg，比传统采用水泥砂浆粘贴可减轻用料重量60%。施工效率的提高和粘贴用料的减少，大大降低了施工成本及砂石用量。

（3）解决了建筑装饰减轻载荷的难题，可以减小建筑物设计结构强度16%以上，节省建筑费用20%以上，空间利用率提高5%以上。

（4）节省运力和运输费用。产品单位重量轻，给原材料和产品运输量减少带来了明显的经济和社会效益。

（5）产品薄、传热快，烧成温度和烧成周期可以大大降低和缩短，使烟气中的有害物质下降70%以上，具有良好的环境效益。

二、纤瓷板工程应用概况

纤瓷板的工程应用开始于2005年，经过10余年的不断发展，产品用户遍及北京、辽宁、内蒙古、福建、河北、河南、湖北、江西、江苏、浙江、安徽、上海、陕西及山东等近20个省（市、区），用户数量达数万家，涉及的工程应用单位及领域有医院、地铁、车站、文化、体育、饭店、宾馆、机关、企事业单位办公楼等建筑物的装饰装修。见表6-10～表6-15。

山东德惠来纤瓷板医院工程案例一览表　　　　　表6-10

项目名称	产品用量（m²）	工程类型	施工时间
中南大学湘雅医院	30000	门诊走廊、病房	2008年
南京军区福州总院影像楼、门诊楼	8000	走廊、处置室	2005年
福建省漳州市175医院	5000	门诊墙面、地面	2005年
福建省漳浦县人民医院综合大楼	6000	门诊墙面、地面	2006年
福建省福州市儿童医院	11000	外立面、门诊墙面、地面	2009年
泉州第一人民医院	10000	门诊墙面、地面	2009年
福建龙岩市第二人民医院	5000	走廊墙面	2014年
福建南平市建阳医院	4500	走廊墙面	2014年
福建南平第二人民医院	3000	走廊墙面	2014年
福建泉州市第一人民医院	3000	走廊墙面	2014年
福建永定县坎市医院	2600	走廊墙面	2014年
福建武平县中医院	4200	走廊墙面	2014年
河北医科大学第三医院	30000	门诊、病房墙面	2008年
河北医科大学中医院	8000	门诊走廊墙面	2010年

续表

项目名称	产品用量（m²）	工程类型	施工时间
河北唐山工人医院	3500	电梯间墙面	2006 年
河北唐山脑中风医院	4500	门厅墙面	2006 年
冀东油田医院	3000	门厅墙面	2007 年
秦皇岛市第一人民医院	15000	走廊、病房墙面	2010 年
秦皇岛市卢龙县医院	10000	走廊、病房墙面	2010 年
河北石家庄妇幼保健院	8000	走廊墙面	2013 年
河北石家庄老年医院	2200	走廊墙面	2014 年
河南新乡 371 医院	20000	走廊墙面	2013 年
河南郑州中牟妇幼保健院	8000	走廊墙面	2013 年
河南郑州中牟第二人民医院	5000	走廊墙面	2013 年
湖北孝感中心医院	5000	走廊墙面	2008 年
湖北省襄樊中心医院	3000	走廊墙面	2009 年
江西鹰潭市人民医院	2500	走廊墙面	2013 年
江西省妇幼保健医院	4200	办公区墙面	2008 年
南昌大学附属第二医院	3000	走廊墙面	2009 年
南昌大学第一附属医院	8000	走廊墙面	2014 年
浙江医院	4000	电梯间、病房楼	2010 年
常州市第一人民医院	3000	走廊墙面	2008 年
南京军区总医院	10000	门诊楼墙面	2008 年
江苏张家港澳洋医院	30000	走廊墙面	2011 年
安徽芜湖市中医院	16000	走廊墙面	2012 年
上海复旦大学附属医院	3100	门诊楼	2008 年
辽宁铁煤集团总医院	15000	走廊墙面	2012 年
辽宁林西县人民医院	10000	走廊墙面	2012 年
辽宁白山市妇幼保健院	3000	走廊墙面	2012 年
辽宁医学院附属第三医院	5000	病房、走廊墙面	2009 年
内蒙古赤峰人民医院	30000	走廊、病房墙面	2009 年
内蒙古鄂尔多斯东胜疾控中心	10000	走廊房间墙面	2013 年
锦州 205 医院	5000	走廊墙面	2011 年
陕西医科大学附属二院	6000	走廊墙面	2012 年
宁夏石嘴山第一人民医院	5000	走廊墙面、地面	2006 年
成都华西医院	15000	走廊墙面	2012 年
内蒙古兴安盟人民医院	160000	走廊墙面	2013 年
济南军区总医院	30000	走廊、病房墙面	2010 年
山东东营市人民医院	12000	走廊、病房墙面	2009 年
山东德州人民医院	25000	走廊、病房墙面	2009 年

续表

项目名称	产品用量（m²）	工程类型	施工时间
山东滨州中心医院	30000	走廊墙面	2012 年
山东滨州市人民医院	4000	走廊墙面	2012 年
山东滨州博兴县人民医院	20000	走廊墙面	2013 年
山东侨联医院	3000	病房墙面	2009 年
山东淄博市中心医院	4000	门诊墙面	2005 年
山东淄博临淄区医院	3000	门诊墙面、地面	2005 年
山东淄博市第一医院	20000	门诊墙面、地面	2010 年
山东淄博张店区人民医院	3000	走廊墙面	2011 年
淄博市张店区中医院	2000	走廊墙面	2012 年
淄博市淄川区中医院	3000	走廊墙面	2013 年
梅河口市人民医院	3000	病房处置室	2010 年
刚果（金）金沙萨中心医院	9500	走廊墙面	2010 年
杭州第六人民医院	3500	外立面	2008 年
山东万杰医院	20000	外立面	2005 年

山东德惠来纤瓷板地铁工程案例一览　　　　　　　　　　表 6-11

项目名称	产品用量（m²）	工程类型	施工时间
北京地铁 5 号线	60000	车站大厅、通道	2008 年
北京地铁 10 号线	20000	车站大厅、通道	2010 年
上海地铁 7 号线	30000	车站大厅、通道	2009 年
上海地铁 9 号线	30000	车站大厅、通道	2010 年
上海地铁 10 号线	30000	车站大厅、通道	2011 年

山东德惠来纤瓷板车站工程案例一览　　　　　　　　　　表 6-12

项目名称	产品用量（m²）	工程类型	施工时间
武广高铁长沙南站	40000	车站大厅、通道	2008、2013 年
高铁郑州东站	30000	车站大厅、通道	2012 年
武汉火车站	8000	车站大厅、通道	2009 年

山东德惠来纤瓷板文化、体育工程案例一览　　　　　　　　表 6-13

项目名称	产品用量（m²）	工程类型	施工时间
淄博档案馆	12000	大厅、会议室、展厅	2013 年
淄博市体育馆	20000	看台、大厅、通道	2009 年
济宁曲阜孔子文化会展中心	15000	大厅、展厅、会议室	2008 年
中央党校体育馆	8000	比赛大厅、会议室等	2006 年

山东德惠来纤瓷板饭店、宾馆工程案例一览　　　　表 6-14

项目名称	产品用量（m²）	工程类型	施工时间
福州永辉集团接待中心	23000	大厅、餐厅、卫生间	2010 年
福州红星旅社	35000	大厅、餐厅、卫生间	2009 年
齐鲁大厦	10000	大厅、餐厅、卫生间	2009 年
德州美丽华大酒店	30000	大厅、餐厅、卫生间	2003 年、2009 年

山东德惠来纤瓷板办公大楼工程案例一览　　　　表 6-15

项目名称	产品用量（m²）	工程类型	施工时间
宁德人大信息楼	26000	大厅、会议室、会客厅、卫生间	2011 年
甘肃庆阳石化办公楼	23000	大厅、会议室、会客厅、卫生间	2010 年

三、纤瓷板工程应用案例

1. 北京地铁五号线车站装饰工程

（1）工程应用单位：北京地铁。

（2）施工时间：2006年至2007年。

（3）工程用途：地铁五号线相关车站站台、通道的墙面陶瓷板装饰。涉及的相关车站主要是：宋家庄站、刘家窑站、蒲黄榆站、天坛东站、瓷器口站、崇文门站、东单站、灯市口站、东四站、张自忠站、北新桥站、雍和宫站、和平里北站、和平西桥站、惠新西街南站、惠新西街北口站、大屯路站、北苑站、立水桥南站、立水桥站、天通苑站、天通苑北站等22个车站。

（4）装饰工程面积：22个车站陶瓷板装饰用途及面积，见表6-16。

北京地铁五号线车站装饰工程陶瓷板装饰用途及面积　　　　表 6-16

序号	站名	使用位置	湿贴面积（m²）	干挂面积（m²）
1	宋家庄站	东北通道墙面	260	260
		西北通道墙面	240	250
		卫生间墙面	360	
2	刘家窑站	东北通道墙面	320	300
		西北通道墙面	320	310
		东南通道墙面	280	240
		西南通道墙面	215	175
		卫生间墙面	170	
3	蒲黄榆站	东北通道墙面	185	175
		西北通道墙面	170	130
		东南通道墙面	200	170
		西南通道墙面	130	115
		卫生间墙面	125	

序号	站名	使用位置	湿贴面积（m²）	干挂面积（m²）
4	天坛东站	东北通道墙面	335	340
		西北通道墙面	555	490
		东南通道墙面	258	212
		卫生间墙面	150	
5	瓷器口站	东北通道墙面	225	195
		西北通道墙面	210	170
		东南通道墙面	160	140
		西南通道墙面	224.51	185.05
		卫生间墙面	215	
6	崇文门站	东北通道墙面	190	150
		西北通道墙面	240	180
		东南通道墙面	245	210
		西南通道墙面	255	275
		北换乘通道墙面	575	510
		南换乘通道墙面	330	340
		卫生间墙面	115	
7	东单站	东北通道墙面	50	50
		西北通道墙面	65	65
		东南通道墙面	120	120
		西南通道墙面	110	110
		北换乘通道墙面	95	80
		南换乘通道墙面	65	50
		卫生间墙面	140	
8	灯市口站	西北通道墙面	150	140
		东南通道墙面	70	60
		卫生间墙面	150	
9	东四站	东北通道墙面	95	95
		西北通道墙面	75	75
		东南通道墙面	95	80
		西南通道墙面	100	85
		卫生间墙面	185	
10	张自忠站	东北通道墙面	190	175
		西北通道墙面	330	310
		东南通道墙面	155	160
		西南通道墙面	265	310
		卫生间墙面	110	

续表

序号	站名	使用位置	湿贴面积（m²）	干挂面积（m²）
11	北新桥站	东北通道墙面	145	130
		西北通道墙面	160	160
		东南通道墙面	180	115
		西南通道墙面	180	130
		卫生间墙面	95	
12	雍和宫站	东北通道墙面	108	125
		西北通道墙面	220	175
		东南通道墙面	180	155
		西南通道墙面	145	175
		卫生间墙面	140	
13	和平里北站	东北通道墙面	180	150
		西北通道墙面	360	320
		东南通道墙面	190	440
		西南通道墙面	160	180
		卫生间墙面	140	
14	和平西桥站	东北通道墙面	165	160
		西北通道墙面	200	1180
		东南通道墙面	180	190
		西南通道墙面	130	135
		卫生间墙面	160	
15	惠新西街南站	东北通道墙面	158	142
		西北通道墙面	168	98
		东南通道墙面	75	110
		西南通道墙面	120	75
		卫生间墙面	95	
16	惠新西街北口站	东北通道墙面	140	135
		西北通道墙面	150	165
		东南通道墙面	145	140
		西南通道墙面	190	180
		卫生间墙面	100	
17	大屯路站	卫生间墙面	130	
18	北苑站	卫生间墙面	260	
19	立水桥南站	卫生间墙面	190	
20	立水桥站	卫生间墙面	165	
21	天通苑站	卫生间墙面	130	
22	天通苑北站	卫生间墙面	135	

（5）陶瓷板墙面装饰主要采用湿贴和干挂两种施工方式。湿贴采用专用胶粘剂进行粘贴。

（6）工程案例照片如图6-16所示。

2. 郑州东站候车室、售票大厅装饰工程

（1）工程应用单位：郑州东站。

（2）施工时间：2012年。

（3）工程用途：郑州东站候车室、售票大厅内墙面陶瓷板装饰。

（4）工程装饰陶瓷板面积：约3万m²。

（5）陶瓷板墙面装饰主要采用湿贴和干挂两种施工方式。湿贴采用专用胶粘合剂进行粘贴。

（6）工程案例照片如图6-17所示。

图 6-16　北京地铁 5 号线雍和宫站

图 6-17　郑州东站工程

3. 兴安盟人民医院病房楼，医技楼装饰工程

（1）工程应用单位：兴安盟人民医院。

（2）施工时间：2013～2014年。

（3）工程用途：兴安盟人民医院病房楼，医技楼墙面装饰。

（4）工程装饰工程面积：墙面16万m²。工程使用陶瓷砖的品种、规格、数量见表6-17。

兴安盟人民医院病房楼，医技楼装饰工程使用陶瓷砖　　　　表 6-17

陶瓷板品种	规格	数量（m²）
75418M	1000×2000	3000
75321	1000×2000	35000

续表

陶瓷板品种	规格	数量（m²）
75427	1000×2000	50000
7501M	1000×2000	20000
7508M	1000×2000	15000
7516M	1000×2000	7000

（5）陶瓷板墙面装饰主要采用专用胶粘剂湿贴施工方式。

（6）工程案例照片如图6-18所示。

4. 淄博市第一医院病房大楼装饰工程

（1）工程应用单位：淄博市第一医院病。

（2）施工时间：2010年。

（3）工程用途：淄博市第一医院住院部、门诊大楼墙面、地面装饰。

（4）工程装饰工程面积：墙面20000m²；

（5）陶瓷板墙面装饰主要采用专用胶粘剂湿贴施工方式。

（6）工程案例照片如图6-19所示。

图6-18 兴安盟人民医院工程

5. 福州儿童医院病房楼、医技楼墙面装饰工程

（1）工程应用单位：福州儿童医院。

（2）施工时间2009年。

（3）工程用途：病房楼内医技楼护士站、手术室、电梯间、过道等墙面装饰。

（4）应用面积：墙面1.1万m²。使用陶瓷砖的品种、规格、数量见表6-18。

福州儿童医院病房楼、医技楼墙面装饰工程使用陶瓷砖　　　　表6-18

纤瓷板品种	规格	数量（m²）
75413M	1000×2000	30000
75321	1000×2000	35000

纤瓷板品种	规格	数量（m²）
75420	1000×2000	5000
7501M	1000×2000	20000
75418M	1000×2000	5000
75346M	1000×2000	5000

（5）陶瓷板墙面装饰主要采用专用胶粘剂湿贴施工方式。

（6）工程案例照片如图6-20所示。

6. 淄博市体育馆墙面装饰工程

（1）工程应用单位：淄博市体育馆。

（2）施工时间：2009年。

（3）工程用途：体育馆 看台、大厅、会议室、通道等墙面装饰。

（4）应用面积：墙、地砖约20000m²。

（5）陶瓷板墙面装饰主要采用专用胶粘剂湿贴施工方式。

（6）工程案例照片如图6-21所示。

7. 淄博市档案馆墙面装饰工程

（1）工程应用单位：淄博市档案局。

图 6-19　淄博市第一医院住院部

图 6-20　福州儿童医院

图6-21　淄博市体育馆

图6-22　淄博市档案局

（2）施工时间：2013年。

（3）工程用途：档案馆大厅、展览厅、会议及接待室、过道墙、地面装饰。

（4）应用面积：墙面面积12000m²

（5）陶瓷板墙面装饰主要采用专用胶粘剂湿贴施工方式。

（6）工程案例照片如图6-22所示。

8. 济宁曲阜孔子文化会展中心室内装饰工程

（1）工程应用单位：济宁曲阜孔子文化会展中心。

（2）施工时间：2008年。

（3）工程用途：会展中心大厅、展览厅、会议及接待室、过道墙地面装饰。

（4）应用面积：墙面装饰面积约15000m²。

（5）陶瓷板墙面、地面装饰主要采用专用胶粘剂湿贴施工方式。

（6）工程案例照片如图6-23所示。

图6-23　曲阜孔子文化会展中心

9. 宁德人大信息楼内墙地面装饰工程

（1）工程应用单位：福建省宁德市人大。

（2）施工时间：2011年。

（3）工程用途：信息楼内门厅、信息发布厅、会议及接待室、过道等墙地面装饰。

（4）应用面积：装饰的墙地面面积26000m²。

（5）陶瓷板墙面、地面装饰主要采用专用胶粘剂湿贴施工方式。

（6）工程案例照片如图6-24所示。

10. 甘肃庆阳石化办公楼室内装饰工程

（1）工程应用单位：甘肃庆阳石化公司。

（2）施工时间：2010年。

（3）工程用途：办公楼大厅、会议室、接待室、卫生间、过道等楼内墙地面装饰。

（4）应用面积：装饰面积约23000m²。

（5）陶瓷板墙面、地面装饰主要采用专用胶粘剂湿贴施工方式。

（6）工程案例照片如图6-25所示。

图6-24　宁德人大信息楼

图6-25　甘肃庆阳石化办公楼

11. 福州红星旅社室内装饰工程

（1）工程应用单位：福州红星旅社。

（2）施工时间：2009年。

（3）工程用途：旅社大楼内接待大厅、餐厅、会议室、卫生间、过道等楼内墙地面装饰。

（4）应用面积：墙面10000m²。

（5）陶瓷板墙面、地面装饰主要采用专用胶粘剂湿贴施工方式。

（6）工程案例照片如图6-26所示。

图6-26　福州红星旅社

12. 福州永辉集团接待中心室内装饰工程

（1）工程应用单位：福州永辉集团接待中心。

（2）施工时间：2010年。

（3）工程用途：中心接待大厅、餐厅、会议室、卫生间、过道等楼内墙地面装饰。

（4）应用面积：墙面23000m²。

（5）陶瓷板墙面、地面装饰主要采用专用胶粘剂湿贴施工方式。

（6）工程案例照片如图6-27所示。

图6-27　福州永辉集团接待中心

13. 某小别墅家装室内装饰工程

（1）工程应用单位：私人住宅。

（2）施工时间：2010年。

（3）工程用途：私人住宅楼内客厅、饭厅、厨房、卫生间及过道墙地面装饰。

（4）应用面积：墙面1200m²。

（5）陶瓷板墙面、地面装饰主要采用专用胶粘剂湿贴施工方式。

（6）工程案例照片如图6-28所示。

14. 河北医科大学第三医院住院部大楼室内装饰工程

（1）工程应用单位：河北医科大学第三医院。

（2）施工时间：2008年。

（3）工程用途：住院部大楼内病房楼内医技楼护士站、手术室、电梯间、过道等墙面装饰。

（4）应用面积：墙面装饰面积30000m²

（5）陶瓷板墙面、地面装饰主要采用专用胶粘剂湿贴施工方式。

（6）工程案例照片如图6-29所示。

图6-28　小别墅家装室内装饰工程　　　　　　　图6-29　河北医科大学第三医院

15. 中南大学湘雅医院门诊大楼室内装饰工程

（1）工程应用单位：中南大学湘雅医院。

（2）施工时间：2008年、2011年。

（3）工程用途：门诊大厅、手术室、电梯间、过道等墙地面装饰。

（4）应用面积：墙、地面陶瓷板装饰30000m²。

（5）陶瓷板墙面、地面装饰主要采用专用胶粘剂湿贴施工方式。

（6）工程案例照片如图6-30所示。

16. 北京地铁十号线内各车站室内装饰工程

（1）工程应用单位：北京地铁。

（2）施工时间：2010年。

（3）工程用途：地铁十号线内各车站过道、卫生间等墙面面装饰。

图 6-30　中南大学湘雅医院门诊大楼室内装饰工程

图 6-31　北京地铁十号线

图 6-32　上海地铁肇家浜路车站

（4）应用面积：墙、地面陶瓷板装饰20000m²。

（5）陶瓷板墙面、地面装饰主要采用专用胶粘剂湿贴施工方式。

（6）工程案例照片如图6-31所示。

17. 上海地铁7号线车站室内装饰工程

（1）工程应用单位：上海地铁。

（2）施工时间：2009年。

（3）工程用途：各车站过道、卫生间等墙面面装饰。

（4）应用面积：墙面20000m²。

（5）陶瓷板墙面、地面装饰主要采用专用胶粘剂湿贴施工方式。

（6）工程案例照片如图6-32、图6-33所示。

图 6-33　上海地铁花木站

Chapter **07**

第七章

陶瓷板产业的
发展展望

本书以广东蒙娜丽莎新型材料有限公司生产的瓷质板和山东淄博德惠来装饰瓷板有限公司生产的纤瓷板为例介绍了陶瓷板及工程应用,概要介绍了当代世界利用现代工业化手段生产陶瓷板及其开发应用的基本状况。其基调一是新产品,二是新使用,两者都处于刚起步的探讨阶段。

按我国当前的产品国家标准,现代工业化生产的陶瓷薄板就是指最小使用面积不小于或等于$1.62m^2$、厚度不大于6mm的产品。按此规格,意大利国已经生产出$1600 \times 4000 \times 4$(mm)的板材,我国也规模化生产出$1000 \times 2000 \times 5.5$(mm)的板材。同时,国内外都在准备生产厚度达$20 \sim 30mm$的厚板材了,即世人已经或准备用现代化工业手段生产一批以前没有的大规格尺寸的超薄、超厚的陶瓷板产品了。

从生产陶瓷板的生产技术工艺与装备看,都是在传统的基础上的提高与创新。一是利用喷雾干燥法制粉进行的"干法"制造,另一是利用塑性泥辊压的"湿法"制造。从生产效率方面看,当前是"干法"占有较大优势。从节能方面看,当前是"湿法"占有较大优势。

从产品的类型看,当前有瓷质的和炻质的两种,瓷质的吸水率在0.5%以下。当代国内外生产的大多是瓷质的。

从产品的装饰手段看,由于近年数字化喷墨技术的快速发展而被应用于陶瓷板材上,所以陶瓷板可见面的装饰实现了多样化。现在有纯色的、手工彩绘的、彩印的等。特别是"瓷板画"这个陈设艺术瓷品种的发展得到最好的条件。

从产品的各项性能指标看,都是出于传统陶瓷本家,只是在传统的基础上更多的利用现代科技进步成果做出传统陶瓷未具有的性能的新产品。

从配套的技术文件看,这些年来我国政府及相关部门为此做的工作是很多的。有产品标准、应用技术规程、设计标准参考图册、使用案例等,为陶瓷板的生产使用提供指导。尽管这些文件不一定全面正确,但可以通过修改达到最终理想。

概言之,当代世界的建筑陶瓷产品出现了"砖"和"板",其根本差异在于一个是现实使用的产品(应用品),一个是材料。陶瓷人从做砖到做板,从做产品到做材料,这也许是21世纪陶瓷界的一个很重要的成果和具有很深远的意义。

一、促进了传统陶瓷的技术与装备的创新发展

陶瓷板的开发成功全面促进了传统陶瓷工业的生产工艺技术与装备的创新发展。世界上的制砖技术经历了手工、机械化阶段，现在的制板技术则进入数字化信息化时代。以生产工艺为例，传统的制砖工艺都是用梁柱式或绕线式压机使用框板式硬模具成形的，万吨压机的高度达3～4m。现在陶瓷板成形机改变传统成形方式其实是一条新的路子。现在制砖是一块块地做，而制板是将板做得很大，要小时可以通过切割而成。因为板很大，生产线上许多运行动作手工是难以完成的，因而促进了如机械手等新装备的产生和应用。所有制板技术工艺与装备的进步又会反过来大大提高传统制砖的技术水平。要不了几年，人们看到的新型墙地砖生产线必将是一种全新的面貌。

二、符合国家产业发展政策

发展陶瓷薄板乃至厚板符合国家绿色制造、节能减排的环境保护方向。因为传统建筑陶瓷产量太大，这些年为节能降耗、环境保护做了大量卓有成效的工作，几近顶峰，但问题仍很多，因为没有从机理上解决问题。与传统生产线相比，新的板材生产线虽然不算有大的突破，但它正在由小变大，在成形工艺、产品重量、生产线可控性、改变装修形式、减轻建筑负荷等方面已经做出了不少成绩，至少提供一个过渡条件。

三、带动一批新产业的发展

建筑陶瓷板的开发应用和发展必将带动一批新型产业的发展。陶瓷板的问世是一项新事物，有人肯定有人否定是正常的，但一些人彻底否定却是为时过早。例如，用传统陶瓷砖做建筑幕墙已经做了几十年但效果不明显，而前景难打开，但陶瓷板做幕墙就很可能是一个路子。其他的如隧道、板画、家具、旧房改造等领域还有很大的空间。这些领域过去不是不想，而是传统砖办不到，现在板材办到了。为了在新的领域使用板材，就必然会带动一个新的产业来，例如幕墙胶粘剂就很需要开发等。

四、开拓陶瓷材料应用的新领域

建筑陶瓷板的开发应用可开拓、带动陶瓷材料应用新领域的发展。陶瓷板是几年内发展起来的一种高端建筑陶瓷产品，其应用领域正在逐步扩展，有着较大的市场空间，在工程应用方面刚起步，因此未来的发展趋势主要表现在以下方面。

1．从销售来看，工程渠道在企业销售的比重正在逐步提高，随着房地产商全面推行精装房，精装房在商品房中的比重将会逐步加大，这一新的变化也将促进建陶企业调整销售策略，大力开拓工程渠道。

2．在已开拓的（如医院、地铁、高铁、宾馆饭店及文化体育设施）装饰工程领域的室内陶瓷板装饰工程量仍将保持稳定的增长。

3．随着陶瓷板性能的进一步改进和提高，陶瓷板室外装饰工程应用领域将进一步扩大，工程量将有大幅度的提升。

4．随着我国高铁、地铁走出国门，可为与之配套的高铁、地铁车站建设的室内外装饰工程带来陶瓷板的需求，我国的陶瓷板出口有望获得良好的市场前景。

5．陶瓷板新品种的开发和应用，可进一步拓宽陶瓷板的工程应用领域，其市场的发展前景良好。

世界建筑陶瓷业从起始到今天，伴随着人类文明建设走过很长的路，从手工到机械化、自动化，获得很大成就，现在是成熟期了。陶瓷板却是新生的，它的出现给生产工艺技术与装备、绿色生产、节能降耗与环保、开拓新的应用领域、带动新的产业等带来新的景象。

未来，我国陶瓷板产业的发展应围绕绿色制造、节能减排的重大需求，开展原料标准化、生产装备技术更新、新产品研究与开发等技术攻关，大力发展节能型、环境友好型产品，加快行业结构调整，大力发展循环经济，从而推动我国陶瓷板产业持续快速发展。更重要的是，节能减排已经关乎行业的兴衰和企业的存亡，如何实现企业转型升级，向"两型"企业转变将变得尤为重要。

随着我国经济的快速发展，我国的建筑陶瓷产业凭借内外部的发展机遇得到了快速发展，2014年，我国建筑陶瓷砖的总产量超过100亿m^2，是世界建筑陶瓷最大的生产与消费国。

从目前建筑陶瓷产品市场发展方向看，出口市场向中档产品转变，国内市场向品牌化、高端化发展，企业的品牌效应愈加突出。从行业整体发展来看，品牌的集中度越来越高，行业两极化趋势愈加明显，高端市场和低端市场同样有着广阔的发展空间。

陶瓷板作为建筑陶瓷的创新产品，其未来的发展趋势，一是进一步扩大产业规模，提高其在建筑陶瓷产品中的份额。陶瓷板在我国仅有几家生产企业，与我国建筑陶瓷的大国地位不相适应，应通过产业和产品结构调整，扩大产品产量和消费量。二是进一步开拓陶瓷板的应用领域，开发陶瓷板新产品，如防静电陶瓷板、电子屏蔽陶瓷板、红外辐射电热陶瓷板、电暖器面板（具有热辐射、传导功能）和烘房、地暖用陶瓷板等。三是进一步改进用于外墙装饰陶瓷板的性能，提高其应用性能和工程应用比率。四是充分应用现代科技技术（如喷墨打印的技术），开发新品种（如仿石纹、仿木纹陶瓷板），满足不同装饰效果的要求。

这些年来，传统建筑陶瓷砖产业做的事情就是一件，抱着陶瓷砖作为装饰材料去卖，建筑陶瓷的兴旺全靠建筑市场拉动。陶瓷板的出现却是为建筑陶瓷砖的发展展现出一条新路，因为陶瓷板在许多新的领域都可以参与竞争，如上述的幕墙、隧道、厨卫、舰艇船只等。

建筑陶瓷板材产业的未来是美好的！

主要参考文献

1. "十五"国家科技攻关计划项目"大规格超薄高档纤维复合陶瓷装饰板产业化技术研究"课题验收材料汇编

2. "十一五"国家科技支撑计划计划"绿色制造关键技术与装备"项目"陶瓷砖绿色制造关键技术与装备"课题验收材料汇编

3. 广东蒙娜丽莎新型材料有限公司内部技术资料

4. 广东蒙娜丽莎新型材料有限公司瓷质板工程应用文件

5. 山东德惠来装饰瓷板有限公司内部技术资料

6. 山东德惠来装饰瓷板有限公司陶瓷板装饰工程招标文件

7. 陶瓷板（GB/T 23266—2009）

8. 建筑陶瓷薄板应用技术规程（JGJ/T 172—2009）

9. 建筑陶瓷薄板应用技术规程（JGJ/T 172—2012）

10. 中国建筑标准设计研究院. 建筑陶瓷薄板和轻质陶瓷板工程应用　幕墙、装饰　参考图集（13CJ43）. 北京：中国计划出版社. 2014.

《建筑陶瓷薄板应用技术规程》
（JGJ/T 172—2012）

中华人民共和国行业标准

建筑陶瓷薄板应用技术规程

Technical specification for application of

building ceramic sheet board

JGJ/T 172—2012

批准部门：中华人民共和国住房和城乡建设部

施行日期：2012年8月1日

中华人民共和国住房和城乡建设部
公 告

第1331号

关于发布行业标准
《建筑陶瓷薄板应用技术规程》的公告

现批准《建筑陶瓷薄板应用技术规程》为行业标准，编号为JGJ/T 172—2012，自2012年8月1日起实施。原《建筑陶瓷薄板应用技术规程》JGJ/T 172—2009同时废止。

本规程由我部标准定额研究所组织中国建筑工业出版社出版发行。

中华人民共和国住房和城乡建设部

2012年3月15日

前　言

根据住房和城乡建设部《关于印发〈2011年工程建设标准规范制订、修订计划〉的通知》（建标〔2011〕17号）的要求，规程编制组经广泛调查研究，认真总结实践经验，参考有关国际标准和国外先进标准，并在广泛征求意见的基础上，修订了《建筑陶瓷薄板应用技术规程》JGJ/T 172—2009。

本规程主要技术内容是：1. 总则；2. 术语和符号；3. 材料；4. 粘贴设计；5. 陶瓷薄板幕墙设计；6. 加工制作；7. 安装施工；8. 工程验收；9. 保养和维护。

本次修订的主要技术内容是：

1　适用范围增加了非抗震设计和抗震设防烈度为6、7、8度抗震设计的民用建筑的陶瓷薄板幕墙工程的材料、设计、加工制作、安装施工、工程验收以及保养和维护；

2　增加了陶瓷薄板幕墙设计、加工制作及保养和维护三章，材料、安装施工和工程验收三章中也增加了陶瓷薄板幕墙的有关内容。

本规程由住房和城乡建设部负责管理，由北京新型材料建筑设计研究院有限公司负责具体技术内容的解释。执行过程中如有意见或建议，请寄送北京新型材料建筑设计研究院有限公司（地址：北京市西直门外大街甲143号凯旋大厦C座，邮编：100044）。

本 规 程 主 编 单 位：北京新型材料建筑设计研究院有限公司

　　　　　　　　　　广东蒙娜丽莎新型材料集团有限公司（原广东蒙娜丽莎陶瓷有限公司）

本 规 程 参 编 单 位：北京港源建筑装饰工程有限公司

　　　　　　　　　　北京中新方建筑科技研究中心

　　　　　　　　　　广西建工集团第一建筑工程有限责任公司

本规程主要起草人员：薛孔宽　耿　直　杨文春　李云涛

　　　　　　　　　　韩海涛　田菀华　刘一军　张旗康

　　　　　　　　　　潘利敏　陈　峰　闻万梁　刘忠伟

　　　　　　　　　　任润德　苏洪波　王新会　肖玉明

　　　　　　　　　　肖　峰　李　力

本规程主要审查人员：叶耀先　马眷荣　刘万奇　刘元新

　　　　　　　　　　戎　安　杨洪儒　郭一鸣　袁　镔

　　　　　　　　　　夏海山　高长明　薛　峰

目 次

1 总则 ……………………………………………………………………… 165

2 术语和符号 ……………………………………………………………… 165

  2.1 术语 ………………………………………………………………… 165

  2.2 符号 ………………………………………………………………… 166

3 材料 ……………………………………………………………………… 167

  3.1 一般规定 …………………………………………………………… 167

  3.2 建筑陶瓷薄板 ……………………………………………………… 167

  3.3 粘贴用材料 ………………………………………………………… 168

  3.4 陶瓷薄板幕墙用材料 ……………………………………………… 170

4 粘贴设计 ………………………………………………………………… 171

5 陶瓷薄板幕墙设计 ……………………………………………………… 172

  5.1 陶瓷薄板幕墙的建筑设计 ………………………………………… 172

  5.2 陶瓷薄板幕墙的结构设计 ………………………………………… 173

6 加工制作 ………………………………………………………………… 175

  6.1 一般规定 …………………………………………………………… 175

  6.2 铝型材和钢构件 …………………………………………………… 176

  6.3 陶瓷薄板 …………………………………………………………… 176

  6.4 构件加工后的表面防护处理 ……………………………………… 176

  6.5 单元式陶瓷薄板幕墙组件 ………………………………………… 176

  6.6 构件、组件检验 …………………………………………………… 177

7 安装施工 ………………………………………………………………… 177

  7.1 粘贴工程 …………………………………………………………… 177

  7.2 陶瓷薄板幕墙工程 ………………………………………………… 179

8 工程验收 ………………………………………………………………… 180

  8.1 粘贴工程 …………………………………………………………… 180

  8.2 陶瓷薄板幕墙工程 ………………………………………………… 181

9 保养和维护 ……………………………………………………………… 184

  9.1 一般规定 …………………………………………………………… 184

  9.2 检查和维护 …………………………………………………… 附 185

9.3 清洗 ·· 186

附录A 几种非常用材料强度设计值 ······························ 186

附录B 铝合金结构连接强度设计值 ································ 188

本规程用词说明 ·· 189

引用标准名录 ··· 189

附：条文说明 ··· 191

Contents

1　General Provisions ………………………………………………… 165

2　Terms and Symbols ……………………………………………… 165

　2.1　Terms ………………………………………………………… 165

　2.2　Symbols ……………………………………………………… 166

3　Materials …………………………………………………………… 167

　3.1　General Requirement ………………………………………… 167

　3.2　Building Ceramic Sheet Board ……………………………… 167

　3.3　Materials for Paste …………………………………………… 168

　3.4　Materials for Ceramic Sheet Board Curtain Wall ………… 170

4　Paste Design ……………………………………………………… 171

5　Ceramic Sheet Board Curtain Wall Design …………………… 172

　5.1　Architectural Design for Ceramic Sheet Board Curtain Wall ……… 172

　5.2　Structural Design for Ceramic Sheet Board Curtain Wall ……… 173

6　Manufacture ……………………………………………………… 175

　6.1　General Requirement ………………………………………… 175

　6.2　Aluminum and Steel Component …………………………… 176

　6.3　Ceramic Sheet Board ………………………………………… 176

　6.4　Surface Protection Treatment after Component Manufactured …… 176

　6.5　The Component of Frame Supported Building Ceramic Sheet Board Curtain Wall Assembled in Prefabricated Units ………… 176

　6.6　Component Test ……………………………………………… 177

7　Construction ……………………………………………………… 177

　7.1　Paste Engineering …………………………………………… 177

　7.2　Ceramic Sheet Board Curtain Wall Engineering ………… 179

8　Engineering Acceptance ………………………………………… 180

　8.1　Paste Engineering …………………………………………… 180

　8.2　Ceramic Sheet Board Curtain Wall Engineering ………… 181

9　Maintenance ……………………………………………………… 184

　9.1　General Requirement ………………………………………… 184

9.2　Check and Maintenance ··· 185

9.3　Cleaning ··· 186

Appendix A　The Design Values for Connection Strength of Several no Commonly

Used Meterials ··· 186

Appendix B　The Design Value for Connection Strength of Aluminum Structure ············· 188

Explanation of Wording in This Specification ··· 189

List of Quoted Standards ··· 189

Addition: Explanation of Provisions ··· 191

1 总则

1.0.1 为规范建筑陶瓷薄板在建筑工程应用上的技术要求，保证工程质量，做到经济合理、安全适用，制定本规程。

1.0.2 本规程适用于建筑陶瓷薄板在民用建筑下列工程中的应用：

1 室内地面、室内墙面；

2 非抗震设计、粘贴高度不大于24m的室外墙面；

3 抗震设防烈度为6、7、8度、粘贴高度不大于24m的室外墙面；

4 非抗震设计和抗震设防烈度为6、7、8度的陶瓷薄板幕墙工程。

1.0.3 建筑陶瓷薄板的应用除应符合本规程外，尚应符合国家现行有关标准的规定。

2 术语和符号

2.1 术语

2.1.1 建筑陶瓷薄板 building ceramic sheet board

由黏土和其他无机非金属材料经成形、高温烧成等生产工艺制成的厚度不大于6mm、面积不小于1.62m²、最小单边长度不小于900mm的板状陶瓷制品。

2.1.2 薄法施工 thin set method

先用齿型镘刀把胶粘剂均匀地刮抹在施工基层上、再把建筑陶瓷薄板以揉压的方式压在胶粘剂上并形成厚度为3mm～6mm的粘结层的一种铺砌建筑陶瓷薄板的施工方法。

2.1.3 双组分水泥基胶粘剂 two-component cement based adhesive

把由水泥、细骨料和有机外加剂制成的粉剂在使用时与乳液现场拌合而成的、用于粘砌建筑陶瓷薄板的一种具有胶粘性能的材料。

2.1.4 填缝剂 grout

把由水泥、细骨料和外加剂制成的粉剂在使用时与液态外加剂或水现场拌制而成的、用于填充建筑陶瓷薄板间接缝的一种具有密封性能的材料。

2.1.5 齿形镘刀 notch trowel

薄法施工中采用的具有不同规格尺寸的U形或V形齿的施工工具。

2.1.6 基层 base

直接承受建筑陶瓷薄板饰面工程施工的表面层。

2.1.7 陶瓷薄板幕墙 ceramic sheet board curtain wall

面板材料为陶瓷薄板的建筑幕墙。

2.1.8 框支承陶瓷薄板幕墙 frame supported ceramic sheet board curtain wall

陶瓷薄板面板周边由金属框架支承的陶瓷薄板幕墙。

2.2 符号

2.2.1 材料力学性能

C20——表示立方体强度标准值为20N/mm^{2}的混凝土强度等级；

E——材料弹性模量；

f_{cb}——陶瓷薄板强度设计值。

2.2.2 作用和作用效应

d_f——作用标准值引起的陶瓷薄板幕墙构件挠度值；

q_{Ek}——地震作用标准值；

ω_k——风荷载标准值；

σ_{Ek}——地震作用下幕墙陶瓷薄板最大应力标准值；

σ_{wk}——风荷载作用下幕墙陶瓷薄板最大应力标准值。

2.2.3 几何参数

l——矩形建筑陶瓷薄板板材边长；

t——陶瓷薄板面板厚度；型材截面厚度。

2.2.4 系数

m——弯矩系数；

α——材料线膨胀系数；

η——折减系数；

μ——挠度系数；

ν——材料泊松比。

2.2.5 其他

$d_{f,lim}$——构件挠度限值；

D_{cb}——陶瓷薄板的刚度。

3　材料

3.1　一般规定

3.1.1　工程用材料除应符合本节的规定外，尚应符合现行国家标准《铝合金建筑型材》GB 5237.1～5237.6、《碳素结构钢》GB/T 700、《陶瓷板》GB/T 23266的规定，并应满足设计要求。材料出厂时，应有出厂合格证书。

3.1.2　工程用材料应选用耐气候性的材料，其物理和化学性能应适应工程所在地的气候、环境，并应满足设计要求。

3.2　建筑陶瓷薄板

3.2.1　建筑陶瓷薄板的性能指标应符合表3.2.1的规定。

建筑陶瓷薄板的性能指标　　　　　　　　　　　　　表 3.2.1

序号	项目		指标	试验方法
1	吸水率（%）		≤ 0.5	按现行国家标准《陶瓷板》GB/T 23266 的有关规定进行
2	破坏强度（N）	厚度≥4.0mm	≥ 800	按现行国家标准《陶瓷板》GB/T 23266 的有关规定进行
		厚度＜4.0mm	≥ 400	
3	断裂模数（MPa）		≥ 45	
4	耐磨性（mm^3）		≤ 150	按现行国家标准《陶瓷板》GB/T 23266 的有关规定进行
5	内照射指数		≤ 1.0	按现行国家标准《建筑材料放射性核素限量》GB 6566 的有关规定进行
	外照射指数		≤ 1.3	
6	耐污染性		不低于 3 级	按现行国家标准《陶瓷砖试验方法　第14部分：耐污染性的测定》GB/T 3810.14 的有关规定进行
7	抗冲击性		恢复系数不低于0.7	按现行国家标准《陶瓷砖试验方　第5部分：用恢复系数确定砖的抗冲击性》GB/T 3810.5 的有关规定进行
8	耐低浓度酸和碱		不低于 ULB 级	按现行国家标准《陶瓷板》GB/T 23266 的有关规定进行
9	密度（g/cm^3）		2.38	按现行国家标准《陶瓷砖试验方法　第3部分：吸水率、显气孔率、表观相对密度和容重的测定》GB/T 3810.3 的有关规定进行
10	弹性模量（GPa）		65	按现行行业标准《玻璃材料弹性模量、剪切模量和泊松比试验方法》JC/T 678—1997 的有关规定进行
11	泊松比		0.17	
12	线膨胀系数（1/℃）		4.93×10^{-4}	按现行行业标准《玻璃平均线性热膨胀系数试验方法》JC/T 679 的有关规定进行

续表

序号	项目		指标	试验方法
13	导热系数（W/（m·K））	抛光面	0.68	按现行国家标准《绝热材料稳态热阻及有关特性的测定　防护热板法》GB/T 10294 的有关规定进行
		亚光面	0.66	
		釉面	0.86	

3.2.2 建筑陶瓷薄板的外观质量和尺寸偏差应符合表3.2.2的规定。

建筑陶瓷薄板的外观质量和尺寸偏差　　　　　　　表 3.2.2

序号	项目		指标	检查方法
1	尺寸及偏差（mm）	长度和宽度	± 1.0	按现行国家标准《陶瓷板》GB/T 23266 的有关规定进行
		厚度	± 0.3	
		对边长度差	≤ 1.0	
		对角线长度差	≤ 1.5	
2	表面质量		至少95%的板材其主要区域无明显缺陷	

3.3　粘贴用材料

3.3.1 聚合物水泥砂浆的性能指标应符合表3.3.1的规定。

聚合物水泥砂浆的性能指标　　　　　　　表 3.3.1

序号	项目	指标	试验方法
1	抗压强度（MPa）	≥ 17.5	按国家现行标准《建筑砂浆基本性能试验方法标准》JGJ/T 70 的有关规定进行
2	抗拉强度（MPa）	≥ 1.0	按国家现行标准《建筑砂浆基本性能试验方法标准》JGJ/T 70 的有关规定进行
3	抗剪强度（MPa）	≥ 2.0	按现行国家标准《建筑胶粘剂试验方法第1部分：陶瓷砖胶粘剂试验方法》GB/T 12954.1 的有关规定进行 *
4	吸水率（%）	≤ 5	按国家现行标准《建筑砂浆基本性能试验方法标准》JGJ/T 70 的有关规定进行
5	游离甲醛（g/kg）	≤ 1	按现行国家标准《室内装饰装修材料　胶粘剂中有害物质限量》GB 18583 的有关规定进行
6	苯（g/kg）	≤ 0.2	按现行国家标准《室内装饰装修材料　胶粘剂中有害物质限量》GB 18583 的有关规定进行
7	甲苯＋二甲苯（g/kg）	≤ 10	按现行国家标准《室内装饰装修材料　胶粘剂中有害物质限量》GB 18583 的有关规定进行
8	总挥发性有机化合物 TVOC（g/L）	≤ 50	按现行国家标准《室内装饰装修材料　胶粘剂中有害物质限量》GB 18583 的有关规定进行

注：1. 对于外墙粘贴工程，表中5、6、7、8项不作要求。

　　2. *指在按照现行国家标准《建筑胶粘剂试验方法　第1部分：陶瓷砖胶粘剂试验方法》GB/T 12954.1 的有关规定进行样板制备时，应参照该标准第5.3节 D 类胶粘剂的试验方法，并将模板厚度改为10mm，金属垫条厚度改为5mm，养护时间改为28d。

3.3.2　水泥基胶粘剂的性能指标应符合表3.3.2的规定。

水泥基胶粘剂的性能指标　　　　　　　表 3.3.2

序号	项目	指标	试验方法
1	拉伸胶粘原强度（MPa）	≥ 1.0	按国家现行标准《陶瓷墙地砖胶粘剂》JC/T 547 的有关规定进行
2	浸水后的拉伸胶粘强度（MPa）	≥ 1.0	按国家现行标准《陶瓷墙地砖胶粘剂》JC/T 547 的有关规定进行
3	热老化后的拉伸胶粘强度（MPa）	≥ 1.0	按国家现行标准《陶瓷墙地砖胶粘剂》JC/T 547 的有关规定进行
4	冻融循环后的拉伸胶粘强度（MPa）	≥ 0.5	按国家现行标准《陶瓷墙地砖胶粘剂》JC/T 547 的有关规定进行
5	20min 晾置时间后的拉伸胶粘强度（MPa）	≥ 1.0	按国家现行标准《陶瓷墙地砖胶粘剂》JC/T 547 的有关规定进行
6	28d 抗剪切强度（MPa）	≥ 2.0	按现行国家标准《建筑胶粘剂试验方法　第 1 部分：陶瓷砖胶粘剂试验方法》GB/T 12954.1 的有关规定进行 *
7	抗压强度（MPa）	≥ 17.5	按国家现行标准《建筑砂浆基本性能试验方法标准》JGJ/T 70 的有关规定进行
8	吸水率（%）	≤ 4	按国家现行标准《建筑砂浆基本性能试验方法标准》JGJ/T 70 的有关规定进行
9	游离甲醛（g/kg）	≤ 1	按现行国家标准《室内装饰装修材料　胶粘剂中有害物质限量》GB 18583 的有关规定进行
10	苯（g/kg）	≤ 0.2	按现行国家标准《室内装饰装修材料　胶粘剂中有害物质限量》GB 18583 的有关规定进行
11	甲苯＋二甲苯（g/kg）	≤ 10	按现行国家标准《室内装饰装修材料　胶粘剂中有害物质限量》GB 18583 的有关规定进行
12	总挥发性有机化合物 TVOC（g/L）	≤ 50	按现行国家标准《室内装饰装修材料　胶粘剂中有害物质限量》GB 18583 的有关规定进行
13	初凝时间（h）	$0.75 \leq t \leq 6$	按国家现行标准《建筑砂浆基本性能试验方法标准》JGJ/T 70 的有关规定进行
14	终凝时间（h）	≤ 12	按国家现行标准《建筑砂浆基本性能试验方法标准》JGJ/T 70 的有关规定进行

注：1. 对于外墙粘贴工程，表中 9、10、11、12 项不作要求。

　　2. * 指在按照现行国家标准《建筑胶粘剂试验方法　第 1 部分：陶瓷砖胶粘剂试验方法》GB/T 12954.1 的有关规定进行样板制备时，应参照该标准第 5.3 节 D 类胶粘剂的试验方法，并将模板厚度改为 10mm，金属垫条厚度改为 5mm，养护时间改为 28d。

3.3.3　水泥基填缝剂的性能指标应符合表3.3.3的规定。

水泥基填缝剂的性能指标　　　　　　　表 3.3.3

序号	项目		指标	试验方法
1	抗压强度（MPa）	标准试验条件	≥ 15.0	按国家现行标准《陶瓷墙地砖填缝剂》JC/T 1004 的有关规定进行
2		冻融循环后	≥ 15.0	按国家现行标准《陶瓷墙地砖填缝剂》JC/T 1004 的有关规定进行
3	抗折强度（MPa）	标准试验条件	≥ 2.5	按国家现行标准《陶瓷墙地砖填缝剂》JC/T 1004 的有关规定进行
4		冻融循环后	≥ 2.5	按国家现行标准《陶瓷墙地砖填缝剂》JC/T 1004 的有关规定进行
5	吸水量（g）	30min	≤ 5.0	按国家现行标准《陶瓷墙地砖填缝剂》JC/T 1004 的有关规定进行
	吸水量（q）	240min	≤ 10.0	按国家现行标准《陶瓷墙地砖填缝剂》JC/T 1004 的有关规定进行

续表

序号	项目	指标	试验方法
6	收缩值（mm/m）	≤ 3.0	按国家现行标准《陶瓷墙地砖填缝剂》JC/T 1004 的有关规定进行
7	耐磨损性（mm³）	≤ 2,000	按国家现行标准《陶瓷墙地砖填缝剂》JC/T 1004 的有关规定进行
8	游离甲醛（g/kg）	≤ 1	按现行国家标准《室内装饰装修材料胶粘剂中有害物质限量》GB 18583 的有关规定进行
9	苯（g/kg）	≤ 0.2	按现行国家标准《室内装饰装修材料胶粘剂中有害物质限量》GB 18583 的有关规定进行
10	甲苯＋二甲苯（g/kg）	≤ 10	按现行国家标准《室内装饰装修材料胶粘剂中有害物质限量》GB 18583 的有关规定进行
11	总挥发性有机化合物 TVOC（g/L）	≤ 50	按现行国家标准《室内装饰装修材料胶粘剂中有害物质限量》GB 18583 的有关规定进行

注： 对于外墙粘贴工程，表中 9、10、11、12 项不作要求。

3.3.4 环氧基填缝剂的性能指标应符合表3.3.4的规定。

环氧基填缝剂的性能指标   表 3.3.4

序号	项目	指标	试验方法
1	抗拉强度（MPa）	≥ 7.0	按现行国家标准《建筑胶粘剂试验方法 第1部分：陶瓷砖胶粘剂试验方法》GB/T 12954.1 中 C 类胶粘剂的有关规定进行
2	抗压强度（MPa）	≥ 24	按国家现行标准《陶瓷墙地砖填缝剂》JC/T 1004 的有关规定进行
3	240min 吸水量（g）	≤ 0.1	按国家现行标准《陶瓷墙地砖填缝剂》JC/T 1004 的有关规定进行
4	耐磨损性（mm³）	≤ 250	按国家现行标准《陶瓷墙地砖填缝剂》JC/T 1004 的有关规定进行
5	收缩值（mm/m）	≤ 1.5	按国家现行标准《陶瓷墙地砖填缝剂》JC/T 1004 的有关规定进行

3.4 陶瓷薄板幕墙用材料

3.4.1 陶瓷薄板幕墙用材料应符合现行行业标准《玻璃幕墙工程技术规范》JGJ 102 的有关规定，具有抗腐蚀能力，并符合国家节约能源和环境保护的有关规定。

3.4.2 陶瓷薄板幕墙用材料的燃烧性能等级应符合下列规定：

1 陶瓷薄板幕墙保温用材料的燃烧性能等级应符合国家现行有关标准的规定；

2 陶瓷薄板幕墙用防火封堵材料应符合现行国家标准《防火封堵材料》GB 23864和《建筑用阻燃密封胶》GB/T 24267的有关规定。

3.4.3 密封胶的粘结性和耐久性应满足设计要求，并应具有适用于陶瓷薄板幕墙面板基材、接缝尺寸以及变位量的类型和位移能力级别以及与所接触材料的无污染性。

3.4.4 陶瓷薄板幕墙面板的放射性核素限量，应符合现行国家标准《建筑材料放射性核素限量》GB 6566的有关规定。

3.4.5 陶瓷薄板幕墙用铝合金型材、钢材应符合现行行业标准《玻璃幕墙工程技术规范》JGJ 102

的有关规定，其中铝合金型材的尺寸允许偏差不作高精级要求。

3.4.6 陶瓷薄板幕墙常用紧固件应符合现行行业标准《玻璃幕墙工程技术规范》JGJ 102的有关规定。

3.4.7 陶瓷薄板幕墙与建筑主体结构之间或支承结构之间，宜采用钢连接件或铝合金连接件。钢连接件的材质和表面防腐处理应符合现行行业标准《玻璃幕墙工程技术规范》JGJ 102的有关规定。铝合金型材连接件表面宜进行阳极氧化处理，其材质和表面处理质量应符合现行国家标准《铝合金建筑型材 第1部分：基材》GB 5237.1和《铝合金建筑型材 第2部分：阳极氧化型材》GB 5237.2的有关规定。连接件的厚度应经过计算确定，且钢板或钢型材的厚度不应小于5mm，铝型材的厚度不应小于6mm。

3.4.8 陶瓷薄板幕墙防雷连接件的材质、截面尺寸和防腐处理，应符合国家现行标准《建筑物防雷设计规范》GB 50057和《民用建筑电气设计规范》JGJ 16的有关规定。

3.4.9 陶瓷薄板幕墙用中性硅酮结构密封胶应符合现行行业标准《玻璃幕墙工程技术规范》JGJ 102的有关规定。

3.4.10 陶瓷薄板幕墙的耐候密封应采用中性硅酮耐候密封胶，其性能应符合现行国家标准《建筑密封胶分级和要求》GB/T 22083的有关规定。

3.4.11 陶瓷薄板幕墙用橡胶制品、密封胶条应符合现行行业标准《玻璃幕墙工程技术规范》JGJ 102的有关规定。

3.4.12 与单组分硅酮结构密封胶配合使用的低发泡间隔双面胶带和作填充材料的聚乙烯泡沫棒应符合现行行业标准《玻璃幕墙工程技术规范》JGJ 102的有关规定。

3.4.13 陶瓷薄板幕墙宜采用聚乙烯泡沫棒作填充材料，其密度不应大于37kg/m³。

4 粘贴设计

4.0.1 建筑陶瓷薄板饰面工程设计应从下列方面满足安全要求：

1 基层要求；

2 薄法施工各构造层及各层所用材料的品种、成分和相应的技术性能指标；

3 伸缩缝位置、接缝和特殊部位的构造处理；

4 墙面凹凸部位的防水、排水构造。

4.0.2 基层应符合下列规定：

1 室内地面饰面工程，基层抗拉强度不应小于0.3MPa，抗剪切强度不应小于0.5MPa；室内、室外墙面饰面工程，基层抗拉强度不应小于1.0MPa，抗剪切强度不应小于1.0MPa；

2 基层平整度每2延米不应大于3mm。

4.0.3 当基层不符合本规程第4.0.2条的规定时，应进行处理。当对墙面进行处理时，宜采用聚合物水泥砂浆。

4.0.4 室外墙面饰面工程的粘结层，应采用双组分水泥基胶粘剂。

4.0.5 室外墙面填缝剂宜选用环氧基填缝剂。

4.0.6 饰面工程构造层的各层材料及其配套材料应具有相容性。

4.0.7 对于有外观及色彩要求的工程，宜对建筑陶瓷薄板与填缝剂进行色彩选配。

4.0.8 对于室内和室外墙面饰面工程，建筑陶瓷薄板面层应设置伸缩缝。伸缩缝应选用弹性材料嵌缝。

4.0.9 结构墙体变形缝两侧粘贴的外墙陶瓷薄板之间的缝宽不应小于变形缝的宽度。

4.0.10 对窗台、檐口、装饰线，雨篷、阳台和落水口等墙面凹凸部位，应采用防水和排水构造。

4.0.11 外墙水平阳角处的顶面排水坡度不应小于3%，并应设置滴水构造。

5 陶瓷薄板幕墙设计

5.1 陶瓷薄板幕墙的建筑设计

5.1.1 陶瓷薄板幕墙设计应根据建筑物的使用功能、立面设计，经综合技术经济分析，选择其形式、构造和材料。

5.1.2 陶瓷薄板幕墙应与建筑物整体及周围环境协调。

5.1.3 陶瓷薄板幕墙设计应采取防脱落措施；在人员流动密度大、青少年或幼儿活动的公共场所以及使用中容易受到撞击的部位，应采取防撞击措施。

5.1.4 陶瓷薄板幕墙的下列性能指标应符合现行国家标准《建筑幕墙》GB/T 21086的有关规定：

1 抗风压性能；

2 水密性能；

3 气密性能；

4 平面内变形性能；

5 热工性能；

6 空气声隔声性能；

7 耐撞击性能；

8 承重力性能。

5.1.5 陶瓷薄板幕墙的性能设计应根据建筑物的类别、高度、体型以及建筑物所在地的物理、气候、环境等条件进行。

5.1.6 陶瓷薄板幕墙的性能检测应符合现行国家标准《建筑幕墙》GB/T 21086的有关规定。

5.1.7 陶瓷薄板幕墙的构造设计应符合现行行业标准《玻璃幕墙工程技术规范》JGJ 102的有关规定。

5.1.8 陶瓷薄板幕墙的钢框架支承结构应考虑温度变化的影响，设计时可进行温度应力分析或采取减少温度影响的构造措施。

5.1.9　主体结构的抗震缝、伸缩缝、沉降缝等部位的陶瓷薄板幕墙设计宜保证外墙面的完整性。一块陶瓷板不宜跨越抗震缝和伸缩缝两边。

5.1.10　陶瓷薄板幕墙的防火、防雷设计应符合现行行业标准《玻璃幕墙工程技术规范》JGJ 102的有关规定。

5.2　陶瓷薄板幕墙的结构设计

5.2.1　陶瓷薄板幕墙应按外围护结构设计，设计使用年限不应小于25年。

5.2.2　陶瓷薄板幕墙的风荷载标准值应按现行国家标准《建筑结构荷载规范》GB 50009计算，也可按风洞实验结果确定。

5.2.3　抗震设防烈度为6、7、8度的陶瓷薄板幕墙工程，应进行抗震设计。

5.2.4　陶瓷薄板幕墙的荷载、地震作用以及作用效应组合应符合现行行业标准《玻璃幕墙工程技术规范》JGJ 102的有关规定。

5.2.5　陶瓷薄板幕墙结构构件应按现行行业标准《玻璃幕墙工程技术规范》JGJ 102的有关规定验算承载力和挠度。

5.2.6　结构构件的受拉承载力应按净截面计算；受压承载力应按有效净截面计算；稳定性应按有效截面计算。构件的变形和各种稳定系数可按毛截面计算。

5.2.7　陶瓷薄板的强度设计值，可按表5.2.7的规定采用。

面板材料强度设计值（N/mm²）　　　　　　　　　　　　　表 5.2.7

材料种类	带釉陶瓷薄板	无釉陶瓷薄板
弯曲强度设计值f_{cb}	18	23

5.2.8　常用的铝合金型材、热轧钢材、耐候钢和不锈钢螺栓强度设计值应符合现行行业标准《玻璃幕墙工程技术规范》JGJ 102的有关规定。

5.2.9　陶瓷薄板幕墙除面板外其他材料的弹性模量、泊松比、线膨胀系数应符合现行行业标准《玻璃幕墙工程技术规范》JGJ 102的有关规定。

5.2.10　钢铸件、常用不锈钢型材和棒材、常用不锈钢板材和带材、冷弯薄壁型钢的强度设计值应按本规程附录A采用。

5.2.11　铝合金结构连接强度设计值可按本规程附录B采用。

5.2.12　陶瓷薄板幕墙的连接设计应符合现行行业标准《玻璃幕墙工程技术规范》JGJ 102的有关规定。

5.2.13　陶瓷薄板幕墙的硅酮结构密封胶应符合现行行业标准《玻璃幕墙工程技术规范》JGJ 102的有关规定。

5.2.14　四边简支陶瓷薄板在垂直于幕墙平面的风荷载和地震作用下，陶瓷薄板截面最大应力应符合下列规定：

1 最大应力标准值可按几何非线性的有限元方法计算，也可按下列公式计算：

$$\sigma_{wk} = \frac{6mw_k a^2}{t^2}\eta \qquad (5.2.14-1)$$

$$\sigma_{Ek} = \frac{6mq_{Ek}a^2}{t^2}\eta \qquad (5.2.14-2)$$

$$\theta = \frac{w_k a^4}{Et^4} \quad 或 \quad \theta = \frac{(w_k+0.5q_{Ek})a^4}{Et^4} \qquad (5.2.14-3)$$

式中：　　　θ——参数；

σ_{wk}、σ_{Ek}——分别为风荷载、地震作用下陶瓷薄板截面的最大应力标准值（N/mm²）；

w_k、q_{Ek}——分别为垂直于幕墙平面的风荷载、地震作用标准值（N/mm²）；

t——陶瓷薄板的厚度（mm）；

E——陶瓷薄板的弹性模量（N/mm²）；

m——弯矩系数，可由陶瓷薄板短边与长边边长之比l_x/l_y按表5.2.14-1采用；

η——折减系数，可由参数θ按表5.2.14-2采用。

四边支承陶瓷薄板的弯矩系数 m　　　　　　　　表5.2.14-1

l_x/l_y	0.50	0.55	0.60	0.65	0.70	0.75	0.80	0.85	0.90	0.95	1.00
四边简支	0.0995	0.0928	0.0861	0.0796	0.0733	0.0674	0.0618	0.0565	0.0517	0.0472	0.0431

注：1. 计算时 l 值取 l_x、l_y 值中的较小值；
　　2. 此表适用于泊松比为0.17。

折减系数 η　　　　　　　　　　表5.2.14-2

θ	≤ 5.0	10.0	20.0	40.0	60.0	80.0	100.0
η	1.00	0.96	0.92	0.84	0.78	0.73	0.68
θ	120.0	150.0	200.0	250.0	300.0	350.0	≥ 400.0
η	0.65	0.61	0.57	0.54	0.52	0.51	0.50

2 最大应力设计值应按现行行业标准《玻璃幕墙工程技术规范》JGJ 102的有关规定进行组合。

3 最大应力设计值不应超过陶瓷薄板强度设计值f_{cb}。

5.2.15 陶瓷薄板在风荷载作用下的跨中挠度，应符合下列规定：

1 陶瓷薄板的刚度D_{cb}可按下式计算：

$$D_{cb} = \frac{Et^3}{12(1-v^2)} \qquad (5.2.15-1)$$

式中：D_{cb}——陶瓷薄板的刚度（N·m）；

v——泊松比，可按本规程第3.2.1条采用。

2　陶瓷薄板跨中挠度可按几何非线性的有限元方法计算，也可按下式计算：

$$d_f = \frac{\mu w_k a^4}{D_{cd}} \eta \qquad (5.2.15-2)$$

式中：d_f——在风荷载标准值作用下挠度最大值（mm）；

μ——挠度系数，可由陶瓷薄板短边与长边边长之比l_x/l_y按表5.2.15采用。

四边支承板的挠度系数 μ 表 5.2.15

l_x/l_y	0.00	0.20	0.25	0.33	0.50
μ	0.01302	0.01297	0.01282	0.01223	0.01013
l_x/l_y	0.55	0.60	0.65	0.70	0.75
μ	0.00940	0.00867	0.00796	0.00727	0.00663
l_x/l_y	0.80	0.85	0.90	0.95	1.00
μ	0.00603	0.00547	0.00496	0.00449	0.00406

3　在风荷载标准值作用下，四边支承陶瓷薄板的挠度限值$d_{f,\lim}$宜按其短边边长的1/60采用。

5.2.16　陶瓷薄板应按需要设置中肋等加劲肋。加劲肋可采用金属方管、槽形或角形型材。加劲肋应与面板可靠联结，并应有防腐措施。加劲肋的端部与幕墙框架之间应进行有效连接。

5.2.17　加劲肋陶瓷薄板应按多跨连续板计算。

5.2.18　陶瓷薄板的单跨中肋应按简支梁设计，中肋应有足够的刚度，其挠度不应大于中肋跨度的1/180。

5.2.19　斜陶瓷薄板幕墙计算承载力时，应计入永久荷载、风荷载、雪荷载、施工荷载及地震作用在垂直于陶瓷薄板平面方向所产生的弯曲应力。施工荷载应根据施工情况决定，但不应小于2.0kN的集中荷载作用，施工荷载作用点应按最不利位置考虑。

5.2.20　横梁和立柱的设计应符合现行行业标准《玻璃幕墙工程技术规范》JGJ 102的有关规定。

6　加工制作

6.1　一般规定

6.1.1　陶瓷薄板幕墙在加工制作前应与建筑、结构施工图进行核对，对已建主体结构进行复测，并应按实测结果对陶瓷薄板幕墙设计进行调整。

6.1.2　加工陶瓷薄板幕墙构件所采用的设备、机具应满足陶瓷薄板幕墙构件加工精度的要求，其检测量具应定期进行计量检定。

6.1.3　单元式陶瓷薄板幕墙的单元组件、隐框陶瓷薄板幕墙的装配组件均应在工厂加工制作。

6.1.4   采用硅酮结构密封胶粘结固定隐框陶瓷薄板幕墙构件时，应在洁净、通风的室内进行注胶，且环境温度、湿度条件应符合结构胶产品的有关规定；注胶宽度和厚度应满足设计要求。

6.2   铝型材和钢构件

6.2.1   陶瓷薄板幕墙的铝合金型材构件和钢构件的加工应按现行行业标准《玻璃幕墙工程技术规范》JGJ 102的有关规定执行。

6.3   陶瓷薄板

6.3.1   陶瓷薄板加工前应进行检验并应符合本规程3.2节及下列规定：

1   陶瓷薄板不得有明显的色差；

2   陶瓷薄板的色泽和花纹图案应符合供需双方确定的样板。

6.3.2   陶瓷薄板切割、开孔过程中，应采用清水润滑和冷却。切割、开孔后，应用清水对孔壁进行清洁处理，并置于通风处自然干燥。

6.3.3   加工完成的陶瓷薄板应竖立存放于通风良好的仓库内，其与水平面夹角不应小于85°，下边缘宜采用弹性材料衬垫，离地面高度宜大于50mm。

6.4   构件加工后的表面防护处理

6.4.1   碳钢构件加工后的表面防护处理应按现行行业标准《玻璃幕墙工程技术规范》JGJ 102的有关规定执行。

6.5   单元式陶瓷薄板幕墙组件

6.5.1   单元式陶瓷薄板幕墙在加工前应对各板块进行编号，并应注明加工、运输、安装方向和顺序。

6.5.2   单元板块构件之间的连接应牢固、可靠。构件之间连接处的缝隙应采用硅酮建筑密封胶密封。注胶前应将注胶表面清理干净，并采取防止三面粘结的措施。

6.5.3   单元板块与主体结构的连接件、吊挂件、支撑件应具备可调整范围，并应采用不锈钢螺栓将吊挂件与陶瓷薄板幕墙构件固定牢固。螺栓的规格和数量应满足设计要求，但螺栓数量不得少于2个，且连接件与单元板块之间固定螺栓的直径不应小于10mm。

6.5.4   运输单元板块时，应采取措施防止板块在搬动、运输、吊装过程中变形。

6.5.5   单元式陶瓷薄板幕墙的加工组装应符合下列规定：

1   有防火要求的陶瓷薄板幕墙单元，应将面板、防火板、防火材料按设计要求组装在金属框架上；

2   有可视部分的混合幕墙单元，应将玻璃、陶瓷薄板面板、防火板及防火材料按设计要求组装在金属框架上；

3 陶瓷薄板幕墙单元内，面板与金属框架的连接应采用便于面板更换的构造措施。

6.5.6 单元板块组装完成后，与室内连通或贯通前、后腔的工艺孔应进行封堵；通气孔宜采用防水透气材料封堵，并保持通气；排水孔应保持畅通。

6.5.7 采用自攻螺钉直接连接单元板块水平构件和竖向构件时，应符合下列规定：

1 每个连接点的螺钉不应少于3个，规格不应小于ST4.2，拧入深度不宜小于35mm；

2 预制孔的最大内径、最小内径和螺钉拧入扭矩应符合表6.5.7的规定；

3 宜采用气动工具拧紧螺钉，气动工具的气压不应小于0.6MPa，并应通过抽查螺钉的拧入扭矩对压缩空气的气压进行调节和修正；

4 螺钉连接部位应做好密封处理。

预制螺钉孔内径要求 表 6.5.7

自攻螺钉螺纹规格	孔径（mm）		扭矩（N·m）
	最小	最大	
ST4.2	3.430	3.480	4.4
ST4.8	4.015	4.065	6.3
ST5.5	4.735	4.785	10.0
ST6.3	5.475	5.525	13.6

6.5.8 单元组件框加工制作和组装允许偏差应按现行行业标准《玻璃幕墙工程技术规范》JGJ 102的有关规定执行。

6.6 构件、组件检验

6.6.1 陶瓷薄板幕墙构件或组件应按构件或组件的5%进行随机抽样检查，且每种构件或组件不得少于5件。当有一个构件或组件不符合规定时，应加倍进行复验，检验合格后方可出厂。复验时，若发现有一件不合格，则应对该批构件或组件进行100%检验，合格件允许出厂。

7 安装施工

7.1 粘贴工程

Ⅰ 一般规定

7.1.1 本节适用于陶瓷薄板在室内地面、室内外墙面粘贴工程的安装施工。

7.1.2 陶瓷薄板用于外墙饰面工程时应符合国家现行标准《建筑装饰装修工程质量验收规范》GB 50210和《外墙饰面砖工程施工及验收规程》JGJ 126的有关规定。用于地面工程时，应符合现行国家标准《建筑地面工程施工质量验收规范》GB 50209的有关规定。

7.1.3 施工材料进场后，应对水泥基胶粘剂的拉伸胶粘原强度、浸水后的拉伸胶粘强度、冻融循环后的拉伸胶粘强度、总挥发性有机化合物TVOC以及填缝剂的总挥发性有机化合物TVOC进行抽样复检，其材料性能指标应符合本规程第3.3节的有关规定。

7.1.4 陶瓷薄板饰面工程施工前，应对粘结和填缝所用的材料进行试配，经检验合格后方可使用。

7.1.5 室内外墙面饰面工程施工前应做出样板。室外墙面样板的检验应按现行行业标准《建筑工程饰面砖粘结强度检验标准》JGJ 110的有关规定执行。

7.1.6 陶瓷薄板饰面工程施工前应明确陶瓷薄板的排列方案并预先编号。

Ⅱ 施工准备

7.1.7 建筑陶瓷薄板的包装箱应牢固并有可靠的减振措施，在运输过程中应避免雨淋、水泡和长期日晒，搬运时应稳拿轻放，严禁摔扔。

7.1.8 在进行散装建筑陶瓷薄板的运输时必须侧立搬运，不得平抬。

7.1.9 建筑陶瓷薄板应存放在坚实、平整和干燥的仓库中，堆放高度应根据包装箱的强度确定。

7.1.10 饰面工程施工前，有防水要求的工序应施工完毕，抹灰、水电设备管线、门窗洞、脚手眼、阳台等应处理完毕。

7.1.11 基层应平整、坚实、洁净，不得有裂缝、明水、空鼓、起砂、麻面及油渍、污物等缺陷。

7.1.12 填缝剂施工前应清除缝隙间杂物，并应用清水润湿缝隙。

7.1.13 粘贴施工的环境温度宜为5℃~35℃。

7.1.14 室外饰面工程不得在雨、雪天气和发生五级及五级以上大风时施工。

Ⅲ 施工

7.1.15 室内地面粘贴施工应按下列流程进行：

1 基层检查和处理；

2 粘贴陶瓷薄板；

3 填缝；

4 表面清理。

7.1.16 当采用水泥基胶粘剂粘贴陶瓷薄板时，应符合下列规定：

1 胶粘剂应按生产企业的产品使用说明配制；

2 基层和陶瓷薄板的粘贴面应干净无尘，无明水；

3 基层上应涂抹胶粘剂，并应采用齿形镘刀均匀梳理，使之均匀分布成清晰、饱满的连续条纹；

4 陶瓷薄板粘贴面上应涂抹胶粘剂，并采用齿形镘刀均匀梳理，条纹走向宜与基层胶粘剂的条纹走向垂直，厚度宜为基层胶粘剂厚度的一半；

5　铺设陶瓷薄板宜借助玻璃吸盘、木杠，并用橡皮锤轻敲并揿压密实，应做到胶粘剂饱满、板面平整；

6　陶瓷薄板表面及缝隙处的多余胶粘剂应及时清除；

7　胶粘剂初凝后，严禁移动陶瓷薄板面层。

7.1.17　填缝剂施工应符合下列规定：

1　胶粘剂终凝前，不得进行填缝剂施工；

2　填缝剂应按生产企业的产品使用说明配制；

3　缝隙间的杂物应清除，缝隙应润湿，且不得有滞水；

4　填缝应密实饱满、无空穴或孔隙；

5　多余的填缝剂应清理干净。

7.1.18　室内外墙面粘贴施工时，除应符合本规程第7.1.15条～第7.1.17条的规定外，尚应满足下列要求：

1　施工应按自下而上的顺序进行；

2　胶粘剂终凝前，必须采取有效可靠的侧向支护；

3　板缝应采用定位器固定。

Ⅳ　安全规定

7.1.19　切割陶瓷薄板时宜采取降噪措施。

7.1.20　施工中建筑废料和粉尘宜随时清理。

7.1.21　配制胶粘剂和填缝剂时，操作人员应佩戴防护手套。

7.1.22　施工过程中脚手架的搭设和使用必须符合现行行业标准《建筑施工扣件式钢管脚手架安全技术规范》JGJ 130和《建筑施工高处作业安全技术规范》JGJ 80的有关规定。

7.1.23　一切用电设备的操作必须符合现行行业标准《施工现场临时用电安全技术规范》JGJ 46的有关规定。

7.2　陶瓷薄板幕墙工程

7.2.1　进场的陶瓷薄板幕墙构件和附件的材料品种、规格、色泽和性能，应满足设计要求。陶瓷薄板幕墙构件安装前应进行检验与校正。不合格的构件不得安装使用。

7.2.2　陶瓷薄板幕墙的安装施工应单独编制施工组织设计，并应包括下列内容：

1　工程进度计划；

2　搬运、吊装方法；

3　测量方法；

4　安装方法；

5　安装顺序；

6　构件、组件和成品的现场保护方法；

7　检查验收；

8 安全措施。

7.2.3 单元式陶瓷薄板幕墙的安装施工组织设计除应符合本规程第7.2.2条的规定外，尚应包括下列内容：

1 单元件的运输及装卸方案；

2 吊具的类型和吊具的移动方法，单元组件起吊地点、垂直运输与楼层水平运输方法和机具；

3 收口单元位置、收口闭口工艺和操作方法；

4 单元组件吊装顺序及吊装、调整、定位固定等方法和措施；

5 幕墙施工组织设计应与主体工程施工组织设计相互衔接，单元幕墙收口部位应与总施工平面图中施工机具的布置协调一致。

7.2.4 陶瓷薄板幕墙工程的施工测量应符合下列规定：

1 幕墙分格轴线的测量应与主体结构测量相配合，并及时调整、分配、消化主体结构偏差，不得积累；

2 单元式幕墙施工时，应对主体结构施工过程中的垂直度和楼层外廓进行测量、监控；

3 应定期对幕墙的安装定位基准进行校核；

4 对高层建筑幕墙的测量，应在风力不大于4级时进行。

7.2.5 陶瓷薄板幕墙安装过程中，应及时对半成品、成品进行保护；在构件存放、搬动、吊装时应轻拿轻放，不得碰撞、损坏和污染构件；对型材、面板的表面应采取保护措施。

7.2.6 钢结构焊接施工应符合现行行业标准《建筑钢结构焊接技术规程》JGJ 81的有关规定。焊接作业时，应采取保护措施防止烧伤型材及面板表面。施焊后，应对钢材表面及时进行处理。

7.2.7 安装施工准备工作应按现行行业标准《玻璃幕墙工程技术规范》JGJ 102的有关规定执行。

7.2.8 构件式、单元式陶瓷薄板幕墙施工工艺和安全规定应按现行行业标准《玻璃幕墙工程技术规范》JGJ 102的有关规定执行。

8 工程验收

8.1 粘贴工程

Ⅰ 一般规定

8.1.1 基层的施工质量检验数量，每200m²施工面积应抽查一处，且不得少于三处。

8.1.2 室内地面饰面工程应按每一层次或每一施工段作为检验批。每一检验批应按自然间或标准间检验，抽查数量不应少于三间，不足三间时应全部检查。走廊过道应以10m长度为一间，礼堂、门厅应以两个轴线之间的面积为一间。

8.1.3 相同材料、工艺和施工条件的室内墙面饰面工程应按每50间划分为一个检验批，不足50间也应划分为一个检验批。大面积房间和走廊，宜按施工面积30m²为一间。室内每个检验批应抽查10%以上，并不得少于三间，不足三间时应全部检查。

8.1.4 室外墙面饰面工程宜按建筑物层高或4m高度为一个检查层，每20m长度应抽查一处，每处宜为3m长。每一检查层应检查三处以上。

Ⅱ 主控项目

8.1.5 用于基层处理的材料、双组分水泥基胶粘剂、水泥基填缝剂、环氧基填缝剂、陶瓷薄板等材料的品种、质量必须满足设计要求。

检验方法：检查出厂合格证、质量检验报告、现场抽样试验报告。

8.1.6 室外墙面饰面工程粘结强度检验应符合现行行业标准《建筑工程饰面砖粘结强度检验标准》JGJ 110的有关规定。

8.1.7 建筑陶瓷薄板饰面工程应无空鼓、无裂缝。检验方法：观察；用小锤轻击检查。

Ⅲ 一般项目

8.1.8 基层应洁净、平整，不得有松动、起砂、蜂窝和脱皮等缺陷。

检验方法：观察和检查隐蔽工程验收记录。

8.1.9 基层的平整度每2延米不应大于3mm。

检验方法：用2m靠尺和楔形塞尺检查。

8.1.10 陶瓷薄板接缝应平直、光滑，填缝应连续、密实；宽度和深度应满足设计要求。

检验方法：观察检查；尺量检查。

8.1.11 室内、室外墙面饰面工程陶瓷薄板粘贴的允许偏差应符合现行国家标准《建筑装饰装修工程质量验收规范》GB 50210的有关规定。

8.1.12 室内地面饰面工程陶瓷薄板粘贴的允许偏差应符合现行国家标准《建筑地面工程施工质量验收规范》GB 50209的有关规定。

8.2 陶瓷薄板幕墙工程

Ⅰ 一般规定

8.2.1 陶瓷薄板幕墙工程验收前应将其表面清洗、擦拭干净。

8.2.2 陶瓷薄板幕墙工程验收时，宜根据工程实际情况提交下列资料的部分或全部。

1 幕墙工程的竣工图或施工图、结构计算书、热工性能计算书、设计变更文件及其他设计文件；

2 幕墙工程所用各种材料、构件、组件、紧固件和其他附件的产品合格证书、性能检测报告、进场验收记录和复验报告；

3 进口硅酮结构胶的商检证和海关报验单、国家指定检测机构出具的硅酮结构胶相容性和剥离粘结性试验报告；

4 后置埋件的现场拉拔检测报告；

5 幕墙的气密性能、水密性能、抗风压性能、平面内变形性能及其他设计要求的性能检测报告；

6 注胶、养护环境的温度、湿度记录；双组分硅酮结构胶的成品切胶剥离试验记录；

7 幕墙与主体结构防雷接地点之间的电阻检测记录；

8 隐蔽工程验收文件；

9 幕墙安装施工记录；

10 现场淋水试验记录；

11 其他有关的质量保证资料。

8.2.3 陶瓷薄板幕墙工程验收前，应在安装施工过程中完成下列隐蔽项目的现场验收。

1 预埋件或后置锚栓连接件；

2 构件与主体结构的连接节点；

3 幕墙四周、幕墙内表面与主体结构之间的封堵；

4 幕墙伸缩缝、沉降缝、抗震缝及墙面转角节点；

5 幕墙防雷连接节点；

6 幕墙防火、隔烟节点；

7 单元式幕墙的封口节点。

8.2.4 陶瓷薄板幕墙工程应进行观感检验和抽样检验，每幅陶瓷薄板幕墙均应检验。检验批的划分应符合下列规定：

1 设计、材料、工艺和施工条件相同的幕墙工程，每500m²~1000m²为一个检验批，不足500m²应划分为一个独立检验批。每个检验批每100m²应至少抽查一处，每处不得少于10m²。

2 同一单位工程中不连续的幕墙工程应单独划分检验批。

3 对于异形或有特殊要求的幕墙，检验批的划分应根据幕墙的结构、工艺特点及幕墙工程的规模，宜由监理单位、建设单位和施工单位协商确定。

Ⅱ 主控项目

8.2.5 陶瓷薄板幕墙面板表面质量应符合下列规定：

陶瓷薄板幕墙面板的表面质量　　　　表 8.2.5

序号	项目	质量要求 建筑陶瓷薄板	检查方法
1	缺棱：长×宽不大于10mm×1mm（长度小于5mm不计）周边允许（个）	1	钢直尺
2	缺角：面积不大于5mm×2mm（面积小于2mm×2mm不计）（处）	1	钢直尺
3	裂纹（包括隐裂、釉面龟裂）	不允许	目测观察
4	窝坑（毛面除外）	不明显	目测观察
5	明显擦伤、划伤	不允许	目测观察
6	单条长度不大于100mm的轻微划伤	不多于2条	钢直尺
7	轻微擦伤总面积	≤300mm²（面积小于100mm²不计）	钢直尺

注： 表中规定的质量指标是指对单块面板的质量要求；目测检查，是指距板面3m处肉眼观察。

8.2.6 陶瓷薄板幕墙的安装质量测量检查应在风力小于4级时进行，并应符合表8.2.6-1、表8.2.6-2的规定。

构件式陶瓷薄板幕墙安装质量　　　　　　　　　　　　　表 8.2.6-1

序号	项目	尺寸范围	允许偏差（mm）	检查方法
1	相邻立柱间距尺寸（固定端）	—	±2.0	钢直尺
2	相邻两横梁间距尺寸	不大于2m	±1.5	钢直尺
		大于2m	±2.0	钢直尺
3	单个分格对角线长度差	长边边长不大于2m	≤3.0	钢直尺或伸缩尺
		长边边长大于2m	≤3.5	钢直尺或伸缩尺
4	立柱、竖缝及墙面的垂直度	幕墙总高度不大于30m	≤10.0	激光仪或经纬仪
		幕墙总高度不大于60m	≤15.0	
		幕墙总高度不大于90m	≤20.0	
		幕墙总高度不大于150m	≤25.0	
		幕墙总高度大于150m	≤30.0	
5	立柱、竖缝直线度	—	≤2.0	2.0m靠尺、塞尺
6	立柱、墙面的平面度	相邻两墙面	≤2.0	激光仪或经纬仪
		一幅幕墙总宽度不大于20m	≤5.0	
		一幅幕墙总宽度不大于40m	≤7.0	
		一幅幕墙总宽度不大于60m	≤9.0	
		一幅幕墙总宽度大于80m	≤10.0	
7	横梁水平度	横梁长度不大于2m	≤1.0	水平仪或水平尺
		横梁长度大于2m	≤2.0	
8	同一标高横梁、横缝的高度差	相邻两横梁、面板	≤1.0	钢直尺、塞尺或水平仪
		一幅幕墙幅宽不大于35m	≤5.0	
		一幅幕墙幅宽大于35m	≤7.0	
9	缝宽度（与设计值比较）	—	±2.0	游标卡尺

注：一幅幕墙是指立面位置或平面位置不在一条直线或连续弧线上的幕墙。

单元式陶瓷薄板幕墙安装质量　　　　　　　　　　　　　表 8.2.6-2

序号	项目	尺寸范围	允许偏差（mm）	检查方法
1	竖缝及墙面的垂直度	幕墙高度 H 不大于30m	≤10	激光经纬仪或经纬仪
		幕墙高度 H 不大于60m	≤15	
		幕墙高度 H 不大于90m	≤20	
		幕墙高度 H 不大于150m	≤25	
		幕墙高度 H 大于150m	≤30	

续表

序号	项目		尺寸范围	允许偏差（mm）	检查方法
2	幕墙平面度			≤ 2.5	2m 靠尺、钢直尺
3	竖缝直线度			≤ 2.5	2m 靠尺、钢直尺
4	横缝直线度			≤ 2.5	2m 靠尺、钢直尺
5	缝宽度（与设计值比较）			± 2.0	游标卡尺
6	单元间接缝宽度（与设计值比较）			± 2.0	钢直尺
7	相邻两组件面板表面高低差			≤ 1.0	深度尺
8	同层单元组件标高		宽度不大于35m	≤ 3.0	激光经纬仪或经纬仪
			宽度大于35m	≤ 5.0	
9	两组件对插件接缝搭接长度（与设计值比较）			± 2.0	游标卡尺
10	两组件对插件距离槽底距离（与设计值比较）			± 2.0	游标卡尺

Ⅲ 一般项目

8.2.7 陶瓷薄板幕墙观感检验应符合下列规定：

1 幕墙的框料和接缝应横平竖直，缝宽均匀，并应满足设计要求；

2 面板应表面平整、颜色均匀，品种、规格与色彩应与设计文件相符；表面应洁净、无污染，不得有凹坑、缺角、裂缝、斑痕，施釉表面不得有裂纹和龟裂；

3 转角部位的面板压向应满足设计要求，边缘整齐，合缝顺直；

4 滴水线、流水坡向应满足设计要求，宽窄均匀、光滑顺直。

8.2.8 陶瓷薄板幕墙隐蔽节点的遮封装修应整齐美观。陶瓷薄板幕墙边角部位、变形缝的构造应满足设计要求。

9 保养和维护

9.1 一般规定

9.1.1 陶瓷薄板工程铺贴完成后，应采取临时保护措施，不得污染和损伤陶瓷薄板。

9.1.2 陶瓷薄板幕墙工程竣工验收时，承包商应向业主提供现行《幕墙使用维护说明书》。《幕墙使用维护说明书》应包括下列内容：

1 幕墙的设计依据、主要特点和性能参数及幕墙结构的设计使用年限；

2 使用过程中的注意事项；

3 非普通开启窗的使用与维护要求；

4 环境条件变化可能对幕墙使用产生的影响；

5 日常与定期的维护、保养及清洁要求；

6 幕墙的主要结构特点及易损零部件的更换方法；

7 备品、备料清单及主要易损件的名称、规格；

8 承包商的保修责任、保修年限。

9.1.3 陶瓷薄板幕墙工程承包商在陶瓷薄板幕墙交付使用前应为业主培训保养和维护人员。

9.1.4 陶瓷薄板幕墙交付使用后，业主应制定陶瓷薄板幕墙的检查、维护、保养计划与制度。

9.1.5 陶瓷薄板幕墙的保养和维护除应符合现行行业标准《建筑外墙清洗维护技术规程》JGJ 168 的有关规定外，尚应满足下列要求：

1 清洗材料及清洗方法应与幕墙面板材料相适应，不得污染、腐蚀和损伤面板、幕墙构件、密封 材料或嵌缝材料，且不得污染环境；

2 清洗开缝式幕墙时，应制定适宜的施工作业方案并对水流量进行控制，防止清洗用水大量渗入 幕墙背面；

3 幕墙的维护应由经培训合格的人员或具有相关资质的单位进行；

4 幕墙检查、清洗、保养与维护作业中，凡属高空作业者，应符合现行行业标准《建筑施工高处 作业安全技术规范》JGJ 80的有关规定；

5 进行幕墙清洗、维护和保养时，应做好周边环境的安全保护措施。

9.2 检查和维护

9.2.1 陶瓷薄板幕墙的日常维护和保养应符合下列规定：

1 保持幕墙表面整洁，避免锐器及腐蚀性气体和液体与幕墙表面接触；

2 保持幕墙排水系统的畅通，发现堵塞应疏通；

3 保持开缝式幕墙防水系统和排水系统的有效性和完好性，发现堵塞应疏通；

4 发现门、窗启闭不灵或附件损坏等现象时，应修理或更换；

5 发现密封胶或密封胶条脱落或损坏时，应进行修补与更换；

6 发现幕墙构件或附件的螺栓、螺钉松动或锈蚀时，应拧紧或更换；

7 发现幕墙面板挂件、背栓等连接部件松动或脱落时，应拧紧或更换；

8 发现幕墙构件锈蚀时，应除锈补漆或采取其他防锈措施；

9 对破损的板材应进行更换。

9.2.2 陶瓷薄板幕墙的定期检查和维护应符合下列规定：

1 在幕墙工程竣工验收后一年期满时，应对幕墙工程进行一次全面的检查，此后每五年应检查一次。

2 幕墙的定期检查和维护应包括下列项目：

　　1）幕墙整体有无变形、错位、松动，一旦发现上述情况，应对该部位对应的隐蔽结构进行进一 步检查；

　　2）幕墙的主要承力件、连接件和连接螺栓等有无锈蚀、损坏，连接是否可靠；

3）幕墙面板有无松动和损坏；

4）密封胶有无脱胶、开裂、起泡，密封胶条有无脱落、老化等损坏现象；

5）幕墙排水系统是否通畅，开缝式幕墙的防水系统是否损坏或失效。

3 幕墙工程使用十年后，应对该工程不同部位的结构硅酮密封胶进行粘结性能的抽样检查；此后每三年宜检查一次。

9.2.3 陶瓷薄板幕墙的灾后检查和维修应符合下列规定：

1 当幕墙遭遇强风袭击后，应对幕墙进行全面检查，修复或更换损坏的构件；发现损坏情况较严重时，应通知有关单位，制定切实可行的维修方案进行维修；

2 当幕墙遭遇地震、火灾等灾害后，应由专业技术人员对幕墙进行全面的检查，并根据损坏程度制定处理方案和维修方案进行维修。

9.3 清洗

9.3.1 严禁使用酸性清洗剂清洗水泥基填缝剂。

9.3.2 业主应根据陶瓷薄板幕墙表面的积灰污染程度，确定其清洗次数，但每年不应少于一次。

9.3.3 清洗陶瓷薄板幕墙时，应按现行行业标准《建筑外墙清洗维护技术规程》JGJ 168的有关规定进行，不得撞击和损伤幕墙。

附录 A　几种非常用材料强度设计值

A.0.1 钢铸件强度设计值可按表A.0.1采用。

钢铸件的强度设计值（N/mm²）　　　　　　　　　　　　表 A.0.1

钢材牌号	抗拉、抗压和抗弯 f	抗剪 f_v	端面承压（刨平顶紧）f_{ce}
ZG200–400	155	90	260
ZG230–450	180	105	290
ZG270–500	210	120	325
ZG310–570	240	140	370
ZG03Cr18Ni10（σ_b=440N/mm²）	140	80	285
ZG07Cr19Ni9（σ_b=440N/mm²）	140	80	330
ZG03Cr18Ni10N（σ_b=510N/mm²）	180	100	285
ZG03Cr19Ni11Mo2（σ_b=440N/mm²）	140	80	285
ZG03Cr19Ni11Mo2N（σ_b=510N/mm²）	180	100	330

A.0.2　常用不锈钢型材和棒材强度设计值可按表A.0.2采用。

不锈钢型材和棒材的强度设计值（N/mm²）　　　　表 A.0.2

统一数字代号	牌号	规定非比例延伸强度 RP0.2b	抗拉强度 f_{slt}	抗剪强度 f_{slv}	端面承压强度 f_{slc}
S30408	06Cr19Ni10	205	180	105	245
S30403	022Cr19Ni10	175	150	90	220
S30458	06Cr19Ni10N	275	240	140	315
S30453	022Cr19Ni10	245	215	125	280
S31608	06Cr17Ni12Mo2	205	180	105	245
S31603	022Cr17Ni12Mo2	175	155	90	220
S31658	06Cr17Ni12Mo2N	275	240	140	315
S31653	022Cr17Ni12Mo2N	245	215	125	280

A.0.3　常用不锈钢板材和带材的强度设计值可按表A.0.3采用。

不锈钢板材和带材的强度设计值（N/mm²）　　　　表 A.0.3

统一数字代号	牌号	规定非比例延伸强度 RP0.2b	抗拉强度 f_{slt}	抗剪强度 f_{slv}	局部承压强度 f_{slc}
S30408	06Cr19Ni10	205	180	105	245
S30403	022Cr19Ni10	170	145	85	215
S30458	06Cr19Ni10N	240	210	120	275
S30453	022Cr19Ni10N	205	180	105	245
S31608	06Cr17Ni12Mo2	205	180	105	245
S31603	022Cr17Ni12Mo2	170	145	85	215
S31658	06Cr17Ni12Mo2N	240	210	120	275
S31653	022Cr17Ni12Mo2N	205	180	105	245

注：钢材的统一数字代号可参见现行国家标准《不锈钢和耐热钢　牌号及化学成分》GB/T 20878。

A.0.4　冷弯薄壁型钢的强度设计值应按表A.0.4采用。

冷弯薄壁型钢的强度设计值（N/mm²）　　　　表 A.0.4

钢材牌号	抗拉、抗压和抗弯 f	抗剪 f_v	端面承压（磨平顶紧）f_{ce}
Q235	205	120	310
Q345	300	175	400

附录 B 铝合金结构连接强度设计值

B.0.1 铝合金结构普通螺栓和铆钉连接的强度设计值应按表B.0.1-1和表B.0.1-2采用。

普通螺栓连接的强度设计值（N/mm²）　　　　　　表 B.0.1-1

螺栓的材料、性能等级和构件铝合金牌号			普通螺栓								
			铝合金			不锈钢			钢		
			抗拉 f_t^b	抗剪 f_v^b	承压 f_c^b	抗拉 f_t^b	抗剪 f_v^b	承压 f_c^b	抗拉 f_t^b	抗剪 f_v^b	承压 f_c^b
普通螺栓	铝合金	2B11	170	16	—	—	—	—	—	—	—
		2A90	150	145	—	—	—	—	—	—	—
	不锈钢	A2-50、A4-70	—	—	—	200	190	—	—	—	—
		A2-70、A4-70	—	—	—	280	265	—	—	—	—
	钢	4.6、4.8 级	—	—	—	—	—	—	170	140	—
构件		6061-T4	—	—	210	—	—	210	—	—	210
		6061-T6	—	—	305	—	—	305	—	—	305
		6063-T5	—	—	185	—	—	185	—	—	185
		6063-T6	—	—	240	—	—	240	—	—	240
		6063A-T5	—	—	220	—	—	220	—	—	220
		6063A-T6	—	—	255	—	—	255	—	—	255

铆钉连接的强度设计值（N/mm²）　　　　　　表 B.0.1-2

铝合金铆钉牌号及构件铝合金牌号		铝合金铆钉	
		抗剪 f_v^b	承压 f_c^b
铆钉	5B05-HX8	90	—
	2A01-T4	110	—
	2A10-T4	135	—
构件	6061-T4	—	210
	6061-T6	—	305
	6063-T5	—	185
	6063-T6	—	240
	6063A-T5	—	220
	6063A-T6	—	255

B.0.2 铝合金结构焊缝的强度设计值应按表B.0.2采用。

铝合金结构焊缝的强度设计值（N/mm²）　　　　　　表 B.0.2

铝合金母材牌号及状态	焊丝型号	对接焊缝			角焊缝
		抗拉 f_t^w	抗压 f_c^w	抗剪 f_v^w	抗拉、抗压和抗剪 f_t^w
6061-T4	SAIMG-3（Eur5356）	145	145	85	85
6061-T6	SAISi-1（Eur4043）	135	135	80	80
6063-T5　6063-T6	SAIMG-3（Eur5356）	115	115	65	65
6063A-T5　6063A-T6	SAISi-1（Eur4043）	115	115	65	65

本规程用词说明

1　为便于在执行本规程条文时区别对待，对要求严格程度不同的用词说明如下：

　　1）表示很严格，非这样做不可的：

　　　　正面词采用"必须"，反面词采用"严禁"；

　　2）表示严格，在正常情况均应这样做：

　　　　正面词采用"应"，反面词采用"不应"或"不得"；

　　3）表示允许稍有选择，在条件许可时首先应这样做的：

　　　　正面词采用"宜"，反面词采用"不宜"；

　　4）表示有选择，在一定条件下可以这样做的，采用"可"。

2　条文中指明应按其他有关标准执行的写法为："应符合……的规定"或"应按……执行"。

引用标准名录

1　《建筑结构荷载规范》GB 50009

2　《建筑物防雷设计规范》GB 50057

3　《建筑地面工程施工质量验收规范》GB 50209

4　《建筑装饰装修工程质量验收规范》GB 50210

5　《碳素结构钢》GB/T 700

6　《陶瓷砖试验方法　第3部分：吸水率、显气孔率、表观相对密度和容重的测定》GB/T 3810.3

7　《陶瓷砖试验方法　第5部分：用恢复系数确定砖的抗冲击性》GB/T 3810.5

8　《陶瓷砖试验方法　第14部分：耐污染性的测定》GB/T 3810.14

9　《铝合金建筑型材　第1部分：基材》GB 5237.1

10　《铝合金建筑型材　第2部分：阳极氧化型材》GB 5237.2

11　《铝合金建筑型材　第3部分：电泳涂漆型材》GB 5237.3

12　《铝合金建筑型材　第4部分：粉末喷涂型材》GB 5237.4

13　《铝合金建筑型材　第5部分：氟碳漆喷涂型材》GB 5237.5

14　《铝合金建筑型材　第6部分：隔热型材》GB 5237.6

15　《建筑材料放射性核素限量》GB 6566

16 《绝热材料稳态热阻及有关特性的测定 防护热板法》GB/T 10294

17 《建筑胶粘剂试验方法 第1部分：陶瓷砖胶粘剂试验方法》GB/T 12954.1

18 《室内装饰装修材料 胶粘剂中有害物质限量》GB 18583

19 《不锈钢和耐热钢 牌号及化学成分》GB/T 20878

20 《建筑幕墙》GB/T 21086

21 《建筑密封胶分级和要求》GB/T 22083

22 《陶瓷板》GB/T 23266

23 《防火封堵材料》GB 23864

24 《建筑用阻燃密封胶》GB/T 24267

25 《民用建筑电气设计规范》JGJ 16

26 《施工现场临时用电安全技术规范》JGJ 46

27 《建筑砂浆基本性能试验方法标准》JGJ/T 70

28 《建筑施工高处作业安全技术规范》JGJ 80

29 《建筑钢结构焊接技术规程》JGJ 81

30 《玻璃幕墙工程技术规范》JGJ 102

31 《建筑工程饰面砖粘结强度检验标准》JGJ 110

32 《外墙饰面砖工程施工及验收规程》JGJ 126

33 《建筑施工扣件式钢管脚手架安全技术规范》JGJ 130

34 《建筑外墙清洗维护技术规程》JGJ 168

35 《陶瓷墙地砖胶粘剂》JC/T 547

36 《玻璃平均线性热膨胀系数试验方法》JC/T 679

37 《陶瓷墙地砖填缝剂》JC/T 1004

38 《玻璃材料弹性模量、剪切模量和泊松比试验方法》JC/T 678—1997

中华人民共和国行业标准

建筑陶瓷薄板应用技术规程

JGJ/T 172—2012

条 文 说 明

修订说明

《建筑陶瓷薄板应用技术规程》JGJ/T 172—2012经住房和城乡建设部2012年3月15日以第1331号公告批准、发布。

本规程是在《建筑陶瓷薄板应用技术规程》JGJ/T 172—2009的基础上修订而成，上一版的主编单位是北京新型材料建筑设计研究院有限公司和广东蒙娜丽莎新型材料集团有限公司（原广东蒙娜丽莎陶瓷有限公司），参编单位是上海雷帝建筑材料有限公司、北京城建集团有限责任公司、北京贝盟国际建筑装饰工程有限公司和咸阳陶瓷研究设计院，主要起草人员是薛孔宽、韩海涛、耿直、杨文春、田菀华、刘一军、张旗康、潘利敏、陈峰、闻万梁、刘幼红、温斌、唐国权、苏新禄、韩亚军、李志远和田美玲。

本次修订的主要技术内容是：增加了建筑陶瓷薄板在民用建筑的陶瓷薄板幕墙工程上的应用，分为非抗震设计和抗震设防烈度为6、7、8度两类，内容涉及材料、设计、加工制作、安装施工、工程验收以及保养和维护，相应的各章均增加了有关内容。

本规程修订过程中，编制组进行了广泛的调查研究，总结了我国建筑陶瓷薄板粘贴和非粘贴工程建设上的实践经验，通过弯曲强度性能检测试验取得了陶瓷薄板弯曲强度设计值等重要技术参数。

为便于广大设计、施工、科研、学校等单位有关人员在使用本规程时能正确理解和执行条文规定，《建筑陶瓷薄板应用技术规程》编制组按章、节、条顺序编制了本规程的条文说明，对条文规定的目的、依据以及执行中需注意的有关事项进行了说明。但是，本条文说明不具备与规程正文同等的法律效力，仅供使用者作为理解和把握规程规定的参考。

目　　次

1　总则 ……………………………………………………………… 194

2　术语和符号 ……………………………………………………… 194

3　材料 ……………………………………………………………… 195

　　3.1　一般规定 …………………………………………………… 195

　　3.2　建筑陶瓷薄板 ……………………………………………… 195

　　3.3　粘贴用材料 ………………………………………………… 195

　　3.4　陶瓷薄板幕墙用材料 ……………………………………… 196

4　粘贴设计 ………………………………………………………… 197

5　陶瓷薄板幕墙设计 ……………………………………………… 198

　　5.1　陶瓷薄板幕墙的建筑设计 ………………………………… 198

　　5.2　陶瓷薄板幕墙的结构设计 ………………………………… 198

6　加工制作 ………………………………………………………… 201

　　6.1　一般规定 …………………………………………………… 201

　　6.2　陶瓷薄板 …………………………………………………… 201

　　6.3　单元式陶瓷薄板幕墙组件 ………………………………… 202

7　安装施工 ………………………………………………………… 202

　　7.1　粘贴工程 …………………………………………………… 202

　　7.2　陶瓷薄板幕墙工程 ………………………………………… 203

8　工程验收 ………………………………………………………… 203

　　8.1　粘贴工程 …………………………………………………… 203

　　8.2　陶瓷薄板幕墙工程 ………………………………………… 204

9　保养和维护 ……………………………………………………… 205

　　9.1　一般规定 …………………………………………………… 205

　　9.2　检查和维护 ………………………………………………… 205

　　9.3　清洗 ………………………………………………………… 205

1 总则

1.0.1 据统计，我国城乡每年新增建筑面积约20亿m²，瓷砖产品的需求量正在持续稳定地增长。随着中国建筑陶瓷产能的快速增长，对矿产资源的消耗日益增大，结果导致建筑陶瓷企业的原料供应日趋紧张，优质原料日益枯竭，这点已经成为行业发展的瓶颈。因此优质原料减量化、低能耗、再利用的循环经济就成为陶瓷产业可持续发展的必由之路。作为国家"十五"科技攻关计划项目，建筑陶瓷薄板具有吸水率低、尺寸大、厚度小以及节能降耗、清洁环保、轻质高强等特点，它的出现使传统的建筑陶瓷观念发生了革命性的变化。制定本规程的目的，就是为建筑陶瓷薄板饰面工程的设计、加工制作、安装施工、工程验收以及保养和维护提供一套科学实用的依据，以规范工程实践，保证工程质量。

1.0.2 本规程的适用范围从两个方面加以限定：一是建筑陶瓷薄板的适用工程部位；二是建筑陶瓷薄板饰面工程的设计、加工制作、安装施工、工程验收以及保养和维护。

本规程在参照现行国家标准《建筑装饰装修工程质量验收规范》GB 50210中第8.3.1条："本节适用于内墙饰面砖粘贴工程和高度不大于100m、抗震设防烈度不大于8度、采用满贴法施工的外墙饰面砖粘贴工程的质量验收"的基础上，结合建筑陶瓷薄板本身的材料性质和国内各大主要城市的抗震设防烈度的规定，规定了用于外墙粘贴工程时的限制高度和抗震设防烈度。

此外，本次修订增加了建筑陶瓷薄板在非抗震设计和抗震设防烈度为6、7、8度的陶瓷薄板幕墙工程上的应用。

本规程中幕墙均指陶瓷薄板幕墙。

2 术语和符号

2.1.1 建筑陶瓷薄板的术语定义引自现行国家标准《陶瓷板》GB/T 23266。

2.1.3 水泥基胶粘剂根据使用方法不同可分为单组分、双组分。单组分是指生产中聚合物以粉末的形式分散在砂浆之中，现场使用时直接加水拌匀即可使用；而双组分是指聚合物以乳液形式，在现场直接与工厂预制的砂浆拌匀使用。

2.1.6 本规程中所指的基层是指符合本规程第4.0.2条规定的陶瓷薄板的安装面。当混凝土基体符合该规定时，混凝土基体便可作为基层；当不符合该规定时，需要进行处理。当采用增加找平层进行处理时，找平之后的面层即为基层。无论是否需要处理，只要符合本规程第4.0.2条规定的面层即视为基层。

3 材料

3.1 一般规定

3.1.1 材料是保证工程可靠性的物质基础。不同厂家、同一厂家不同产地的产品，都存在质量差别。为了保证工程安全和性能，材料必须满足设计要求并符合现行有关国家标准和行业标准的有关规定。当工程所在地方政府有特殊要求时，还应符合相应地方标准的有关规定。当采用国外先进国家同类产品标准或生产厂商的企业标准作为产品质量控制依据时，不应低于现行国家相关标准并应满足设计要求。产品出厂时，必须有出厂合格证。进口材料还必须具有商检报告和原产地证明。

3.1.2 建筑物处在一个复杂的环境中，在不同的自然环境下，会承受如日晒、雨淋、风沙、冷冻、腐蚀、温度激变等不利因素的作用。因此，根据设计要求，材料应具有足够的耐候性和耐久性，具备防日晒、防风雨、防风沙、防腐蚀、防盗、防撞、保温、隔热、隔声等功能。

由于工程用材料种类较多，各自承担的功能和工作条件也不一致，因此，部分材料或构件，如可开启部位的五金件、部分密封材料等，其使用寿命不能和幕墙设计使用年限等同，属于可更换的易损件，在进行幕墙设计时，应予以充分考虑。

3.2 建筑陶瓷薄板

3.2.1、3.2.2 表3.2.1和表3.2.2中建筑陶瓷薄板的性能指标、外观质量和尺寸偏差的数据部分引自现行国家标准《陶瓷板》GB/T 23266，部分来自实验报告。

表3.2.1是对陶瓷薄板的统一要求，对于具体的特殊使用部位，会增加性能要求，如用在地面时要考虑耐磨性，但用在其他部位时对该性能没有要求。

3.3 粘贴用材料

3.3.1 作为基层处理材料，聚合物水泥砂浆的各项性能直接决定其能否为建筑陶瓷薄板的安装提供一个安全可靠的基层。本规程在参照《美国国家标准乳胶-水泥砂浆》(American National Standard Specifications for Latex-Portland Cement Mortar-2010) ANSI A118.4中第5.1.5条 "28d剪切强度应大于300psi (20.9kgf/cm²)" 和第6.1节 "平均抗压强度不得小于2500psi (175.8kgf/cm²)" 的基础上，结合现行行业标准《建筑砂浆基本性能试验方法标准》JGJ/T 70对材料的抗压强度、抗拉强度、抗剪强度以及吸水率等物理性能提出了具体要求。同时，根据现行国家标准《室内装饰装修材料　胶粘剂中有害物质限量》

GB 18583对材料的环保性能提出了相应要求。

3.3.2 胶粘剂是保证建筑陶瓷薄板安全有效安装的关键。为此，本规程依据现有规范对胶粘剂的物理性能和环保性能提出了要求，以保证胶粘剂的各项性能指标有据可循。其中，胶粘剂的拉伸胶粘原强度、浸水后的拉伸胶粘强度、热老化后的拉伸胶粘强度、冻融循环后的拉伸强度以及20min晾置时间后的拉伸胶粘强度的指标均参照了现行行业标准《陶瓷墙地砖胶粘剂》JC/T 547；同时，本规程在参照《美国国家标准乳胶-水泥砂浆》（American National Standard Specifications for Latex-Portland Cement Mortar-2010）ANSI A118.4中第5.1.5条"28天剪切强度应大于300psi（20.9kgf/cm^2）"和第6.1节"平均抗压强度不得小于2500psi（175.8kgf/cm^2）"的基础上，结合现行行业标准《建筑砂浆基本性能试验方法标准》JGJ/T 70中的有关实验方法对胶粘剂的28d抗剪切强度、抗压强度、吸水率以及初凝时间和终凝时间的指标提出了要求。最后，根据现行国家标准《室内装饰装修材料 胶粘剂中有害物质限量》GB 18583对材料的环保性能提出了相应要求。

3.3.3 在工程实践中，常遇到填缝剂起粉、脱落、水斑、泛碱等严重影响装饰效果的弊病，可见填缝剂的好坏直接影响着最终的装饰效果。本规程中水泥基填缝剂的物理性能指标参照了现行行业标准《陶瓷墙地砖填缝剂》JC/T 1004对各项性能指标作出了明确的规定。同时，依据现行国家标准《室内装饰装修材料 胶粘剂中有害物质限量》GB 18583中的有关规定对有害挥发物质作出了限定。

3.3.4 由于环氧填缝剂本身的特殊性，为更好地保证建筑装饰效果以及成品的耐久性，本规程参照美国国家标准《关于耐化学制剂、可水洗的面砖粘结和面砖填缝用环氧树脂以及可水洗的面砖粘结用环氧树脂胶粘剂》（American National Standard Specifications for Chemical Resistant，Water Cleanable Tile-Setting and-Grouting Epoxy and Water Cleanable Tile-Setting Epoxy Adhesive-2009）ANSI A118.3中第5.5节"7d剪切强度应大于1000psi（69.8kgf/cm^2）"和第5.6节"7d后的平均抗压强度不得低于3500psi（244kgf/cm^2）"的有关规定，同时结合现行国家标准《建筑胶粘剂试验方法 第1部分：陶瓷砖胶粘剂试验方法》GB/T 12954.1-2008提出了关于对环氧填缝剂抗拉强度与抗压强度的要求。同时，参照现行行业标准《陶瓷墙地砖填缝剂》JC/T 1004的要求对材料的吸水率、耐磨性以及收缩值作出了规定。

3.4 陶瓷薄板幕墙用材料

3.4.1 由于陶瓷薄板幕墙除面板设计外与玻璃幕墙相似，所以对其材料的具体要求应符合现行行业标准《玻璃幕墙工程技术规范》JGJ 102的有关规定。

3.4.2 幕墙在使用过程中，应具有防止和阻止火灾扩大的功能，以尽可能地减少由火灾造成的财产损失和保护生命安全。而同时在幕墙工程的加工制作、安装施工过程中却存在着火灾隐患，因此，幕墙的材料选用就显得极其重要。本条对幕墙所用材料的燃烧性能作出了规定。尽管如此，在幕墙用材料中，国内外都还有少量材料是不防火的，如双面胶带、填充棒等，因此，在安装施工时，应高度重视防火问题并应采取有效的防火措施。

此外，在进行幕墙设计时，必须进行防火封堵构造设计，以防止火灾迅速蔓延，为抢救财产和人员逃生创造机会。防火封堵构造用材料，应采用符合现行国家标准《防火封堵材料》GB 23864和《建筑用阻燃密封胶》GB/T 24267有关规定的防火封堵材料和防火密封材料。

3.4.3　幕墙工程中所采用的硅酮类胶、环氧类胶、聚氨酯类胶等都应具有与接触材料相适应的粘结性能和耐久性，以确保幕墙设计性能。这些胶在建筑上已被广泛采用，而且已有了比较成熟的经验。

由于陶瓷薄板是多孔材料，在与结构密封胶和建筑（耐候）密封胶接触的部位，密封胶中的小分子如增塑剂等非反应性物质就会从胶中渗出，继而渗入到陶瓷薄板的孔隙中，致使其表面油污和沾灰。因此，在使用前应进行耐污染试验，在证实无污染后才能使用。

建筑（耐候）密封胶是化学活性材料，经过长期存放，会出现粘结强度降低、耐候性能和伸缩性能下降等问题，因此必须在有效期内使用。

3.4.4　放射性核素会危害人体健康，因此，陶瓷薄板的放射性核素限量应符合现行国家标准《建筑材料放射性核素限量》GB 6566的有关规定。

3.4.5　因为陶瓷薄板幕墙按有关规定一般使用在实体墙处，即不存在美观问题，所以铝合金型材尺寸允许偏差不需要达到高精级。

3.4.6　幕墙设计应尽量选用标准件。采用非标准紧固件时，产品质量应满足设计要求，并应有出厂合格证。

3.4.7　幕墙与建筑主体结构之间的连接件，传统上采用碳素结构钢、合金结构钢、低合金高强度结构钢或不锈钢制作。铝合金支承构件之间的连接件，一般采用铝合金型材制作。由于铝合金型材尺寸精度高，近年来，采用铝合金型材作为幕墙与建筑主体结构之间的连接件的做法，在单元式幕墙中得到了广泛使用。在进行幕墙与建筑主体结构或支承结构之间的连接件设计时，要综合考虑连接件的最小承载能力、截面局部稳定、耐久性（耐腐蚀性能）要求，选用适宜的材质、厚度和表面处理方法。

采用其他材质连接件（如铸钢件）时，材质和表面处理应符合国家现行有关标准的规定。

3.4.9　硅酮结构密封胶是影响陶瓷薄板幕墙安全的重要因素，因此应符合国家现行有关标准的规定。

3.4.11　幕墙用胶条，应当具有耐紫外线、耐老化、耐污染、弹性好、永久变形小等特性，并应符合现行国家标准《建筑门窗、幕墙用密封胶条》GB/T 24498的有关规定。如果不对胶条的材质进行控制，就会出现老化开裂甚至脱落等严重问题，从而影响幕墙的气密性能和水密性能。

采用三元乙丙橡胶和硅橡胶制品时，要采取适当措施，保证胶条的连续性，以免因接头位置脱开而降低幕墙的气密性能和水密性能。

4　粘贴设计

4.0.2　基层的质量是保证工程质量的重要基础。对不符合规定的基层进行处理是保证陶瓷薄板粘贴工程质量的重要工序。基层强度低易造成粘结层与基层界面被破坏，故应针对不同的基层采取相应的处理措施。对于加气混凝土、轻质砌块和轻质墙板等基体，不仅应符合本规程第4.0.2条的有关规定，而且要特别注意使用过程中因温度变化而引起的收缩变形。基层平整度也必须符合此规定，否则会造成材料的浪费及陶瓷薄板断裂。当基层平整度不符合此规定时，可以采用适当的找平砂浆或垫层砂浆来进行基层找平。

4.0.4　双组分水泥基胶粘剂具有质量稳定、强度高、各项性能指标均优于单组分的胶粘剂的特点。为规范外墙陶瓷薄板的施工过程和施工质量，特明确本条。

4.0.5　水泥基填缝剂含有较多的碱活性成分，容易造成砖缝间的泛碱、"白花"、"流泪"和"镜框"等现象，极大地影响了使用效果。外墙气候环境条件恶劣复杂，容易受各种腐蚀性介质侵蚀，如酸雨、碱、污渍等都会破坏填缝材料，甚至通过破坏后的缝隙腐蚀板后的基材。因此，为了保证外墙填缝的施工质量，推荐采用环氧基填缝剂。

4.0.6　规程中强调这一条，是为了确保找平材料、胶粘剂材料、防水材料等各不同功能层间彼此结合紧密、传力牢固、兼容性强。

4.0.8　当陶瓷薄板在外墙应用时，设置伸缩缝，可以防止墙体结构变形及饰面板本身发生温度变形而导致的开裂和脱落。弹性嵌缝材料可选用弹性腻子密封胶、高弹性嵌缝膏等。

5　陶瓷薄板幕墙设计

5.1　陶瓷薄板幕墙的建筑设计

5.1.3　陶瓷薄板的脱落对人民的生命安全和财产安全会造成威胁，所以应采取防脱落措施。可以考虑在陶瓷薄板背面粘结无碱玻璃纤维布、不锈钢丝网复合层或有同等作用的材料以增强其安全性。

对于容易受到撞击的部位，可以采取设置明显的警示标志，或者在陶瓷薄板背面粘结玻璃纤维布、不锈钢丝网复合层或有同等作用的材料等具体措施来避免撞击的发生和减轻撞击所带来的危害。

5.1.8　幕墙钢框架支承系统，对付温度影响有两条途径：自由位移而无温度应力；限制位移承受温度应力。可以采用前者，留温度缝；也可以采用后者，不留温度缝。

5.1.9　陶瓷薄板幕墙进行设计时，一块陶瓷薄板不宜跨越抗震缝和伸缩缝两边。如果确实无法避免时，应在同一块板的左右两侧设置伸缩构造。

5.1.10　防雷金属连接件应具有防腐蚀功能，以避免因表面被腐蚀而导致其截面减小，进而影响导电性能的问题出现。各种连接件的截面尺寸要求，应与现行国家标准《建筑物防雷设计规范》GB 50057一致。对应于导电通路立柱的预埋件或固定件应采用截面不小于$50mm^2$的热浸镀锌圆钢或扁钢连接件，圆钢直径不应小于8mm，扁钢厚度不应小于2.5mm。幕墙金属构件之间的连接宜采用铜质或铝质柔性导线，铜质导线的截面积不应小于$16mm^2$，铝质导线的截面积不应小于$25mm^2$。

5.2　陶瓷薄板幕墙的结构设计

5.2.1　建筑幕墙是由面板和支承结构组成的建筑物外围护结构体系，主要承受自重以及直接作用于其上的风荷载、地震作用、温度作用等，不分担主体结构承受的荷载和（或）地震作用。新修订的现行国家标准《工程结构可靠性设计统一标准》GB 50153中规定，工程结构设计时，应规定结构的设计使用年限。现行国家标准《建筑结构可靠度统一设计标准》GB 50068规定，易于替换的结构构件（此处是指承重结构构件）的设计使用年限为25年。建筑幕墙是非承重且易于替换的非结构构件，因此规定其设计使用年限应不小于25年。

5.2.3 我国是多地震国家，幕墙设计应区分为抗震设计和非抗震设计两类。对非抗震设防地区，进行幕墙设计时，只需考虑风荷载、重力荷载以及温度作用；对抗震设防地区，必须考虑地震作用，进行抗震设计。幕墙属于非结构构件，根据现行国家标准《建筑抗震设计规范》GB 50011的有关规定，抗震设防烈度为6度及以上地区，要采用等效侧力法，对幕墙自身及其与主体结构的连接进行抗震设计计算。

幕墙与主体结构必须可靠连接、锚固。进行幕墙设计时，应对幕墙与主体结构的连接件及其锚固系统进行专门设计，并将有关设计和幕墙传递给主体结构的荷载和作用提供给主体结构设计师，对主体结构进行验算，以加强幕墙的抗震安全性和对生命的保护，避免因不合理设置而导致主体结构被破坏。

由于建筑幕墙自重较轻，幕墙承受的荷载和作用中，以风荷载为主，地震作用远小于风荷载作用，因此，无论是否进行抗震设计，均应以抗风设计为主。但是，由于地震作用是动力作用，并且直接作用于连接节点，易造成连接损坏、失效，甚至使建筑幕墙脱落、倒塌。因此，抗震设计的幕墙，不仅要以抗震设计和抗风设计中最不利的荷载和作用效应组合进行结构设计，还必须加强构造设计。

5.2.7 陶瓷薄板幕墙构造与隐框玻璃幕墙相同，因此承受水平荷载的陶瓷薄板是典型的薄板弯曲问题，设计时须进行陶瓷薄板的抗弯性能计算。表5.2.7中陶瓷薄板弯曲强度设计值是通过试验的方法获得的，具体试验结果如下：

采用《建筑玻璃-玻璃弯曲强度的测定，有小试验表面的平试样的同轴双环试验》(Glass in building-Determination of the bending strength of glass-Coaxial double ring test on flat specimens with small test surface areas) BS EN 1288-5-2000，对带釉陶瓷薄板和无釉陶瓷薄板分别进行了三组和两组试验。陶瓷薄板厚度为5.5mm，每组20片，结果见表1。

试验结果（MPa） 表 1

试验结果		平均值	方差	变异系数
带釉陶瓷薄板	第一组	42.67	4.67	0.11
	第二组	49.52	4.68	0.09
	第三组	43.23	6.09	0.14
无釉陶瓷薄板	第一组	55.78	5.78	0.10
	第二组	59.41	7.46	0.13

陶瓷薄板与玻璃板同属脆性材料，其弯曲强度服从正态分布。玻璃板弯曲强度的变异系数位于0.15～0.25之间；表1试验结果表明，陶瓷薄板的变异系数位于0.09～0.14之间，说明陶瓷薄板弯曲强度的离散性比玻璃板的弯曲强度离散性要小。玻璃板的强度安全系数取2.5，满足工程设计要求，陶瓷薄板安全系数取2.5也应满足设计要求。将带釉陶瓷薄板三组试验平均值再取平均，除以安全系数2.5，得

到带釉陶瓷薄板弯曲强度设计值18MPa。将无釉陶瓷薄板两组试验平均值再取平均，除以安全系数2.5，得到带釉陶瓷薄板弯曲强度设计值23MPa。

5.2.10　钢铸件的强度设计值来源于现行国家标准《钢结构设计规范》GB 50017的有关规定。其中，ZG03Cr18Ni10、ZG07Cr19Ni9、ZG03Cr18Ni10N三种不锈钢铸件材料相当于统一数字代号为S304XX系列的奥氏体型不锈钢，ZG03Cr19Ni11Mo2、ZG03Cr19Ni11Mo2N两种不锈钢铸件材料相当于统一数字代号为S316XX系列的奥氏体型不锈钢。

不锈钢材料（带材、板材、棒材和型材）主要用于幕墙的连接件和支承结构，材料分项系数取1.6，略高于普通钢结构。采用本附录A中未列出的不锈钢材料时，其抗拉强度标准值可取相应规定的非比例延伸强度RP0.2b；抗拉强度设计值可按其抗拉强度标准值除以系数1.15；抗剪强度设计值可按其抗拉强度标准值除以系数1.99取5的倍数采用。表A.0.2中规定的非比例延伸强度RP0.2b按现行国家标准《不锈钢棒》GB/T 1220确定；表A.0.3中规定的非比例延伸强度RP0.2按现行国家标准《不锈钢冷轧钢板和钢带》GB/T 3280和《不锈钢热轧钢板和钢带》GB/T 4237确定。

5.2.14、5.2.15　幕墙采用的陶瓷薄板计算公式是在小挠度情况下推导出来的，它假定陶瓷薄板只受到弯曲作用，只有弯曲应力而平面内薄膜应力则忽略不计，因此它适用于挠度$d_f \leq t$（t为板厚）的情况。表5.2.15中列出了在四边支承条件下陶瓷薄板的挠度系数μ的数值，其他边界条件下的挠度系数可参照现行《建筑结构静力计算手册》选用。

陶瓷薄板的挠度限值为边长的1/60，如边长为900mm的陶瓷薄板，其挠度允许值可达15mm，是其厚度5.5mm的2.7倍，此时应力、挠度的计算值会比实际值大很多，所以考虑一个系数η予以修正。

5.2.16～5.2.18　陶瓷薄板与加劲肋之间可以通过结构胶或其他材料牢固粘结，胶与其相接触的材料应有很好的相容性。胶的宽度应经过计算，保证在正负风压作用下，加劲肋都能起到加强作用。为了使幕墙框架成为加劲肋的支座，加劲肋的端部应与之有效连接，目的是将面板所受荷载作用直接有效地传递到主框架上。

进行肋的计算时，板面作用的荷载应按三角形或梯形分布传递到肋上，按等效弯矩原则化为均布荷载，见图1。对中肋刚度的要求，是为了使肋能够起到支承作用，从而使得陶瓷薄板可以按多跨连续板来计算。

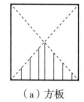　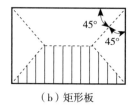

（a）方板　　　　（b）矩形板

图1　板面荷载向肋的传递

6 加工制作

6.1 一般规定

6.1.1 陶瓷薄板幕墙结构属于围护结构，在施工前应对主体结构进行复测，当其误差超过陶瓷薄板幕墙设计图纸中的允许值时，一般应调整幕墙设计图纸，原则上不允许对原主体结构进行破坏性修整。

对陶瓷薄板幕墙设计进行调整时，要注意维持建筑立面的整体效果，不得破坏已建主体结构。

6.1.2 构件的加工质量和尺寸精度与构件加工用设备、工装、夹具、模具有直接关系，因此应经常对其进行检查、维修并做好定期保养，使加工设备始终保持良好的工作状态。质量检验用量具的测量精度应满足构件设计精度的要求并定期进行检测，以确保测量结果的准确性。

6.1.3 单元式陶瓷薄板幕墙和隐框陶瓷薄板幕墙的组件均应在车间加工组装，尤其是由硅酮结构胶固定的板块。

6.1.4 隐框陶瓷薄板幕墙构件应在室内进行加工，并要求室内清洁、干燥、通风良好，温度也应满足加工的需要，如北方的冬季应有采暖，南方的夏季应有降温措施等。对于硅酮结构密封胶的施工场所要求较严格，除要求清洁、无尘外，室内温度不宜低于15℃，也不宜高于27℃，相对湿度不低于50%。硅酮结构胶的注胶厚度及宽度应满足设计要求，且宽度不得小于7mm，厚度不得小于6mm。

6.2 陶瓷薄板

6.2.1 一般情况下，陶瓷薄板幕墙的立面分格尺寸应按陶瓷薄板的产品规格与板缝宽度确定，陶瓷薄板加工的主要工作内容是二次切割。因此，陶瓷薄板加工前的检验非常重要，它是保证陶瓷薄板幕墙工程质量符合有关规定的关键。因此，应加强加工前的检验，尤其是陶瓷薄板的表面质量、色泽、花纹图案，宜进行100%检验。

6.2.2 加工过程中，刀具和陶瓷薄板摩擦产生热量会造成刀具磨损，影响加工精度和加工表面质量，应采用清水进行润滑和冷却。加工后应立即对加工部位残留的瓷粉和其他物质进行清洗，并置于通风处自然干燥。

6.2.3 已加工完成的陶瓷薄板应直立存放在通风良好的仓库内，其角度不应小于85°。存放角度是保证陶瓷薄板存放过程安全的重要措施，可防止陶瓷薄板被挤压破碎和变形。

6.3 单元式陶瓷薄板幕墙组件

6.3.1 由于单元式幕墙板块在主体结构上的安装方式特殊，通常都采用插接方式，安装后不容易更换，所以必须在加工前对各板块编号。

运输方向是指板块装车时的摆放方向，目的在于防止板块变形和便于卸车。

6.3.2 单元板块安装就位之前，要经过多次搬动、运输，容易产生板块变形、连接松动等质量问题，造成安装困难，影响施工质量。运输时，单元板块应摆放在专用托架上，托架应与板块的外形基本吻合，使其具有防止板块移位的功能。板块与托架、托架与车体应绑扎牢固，并作好防雨等天气突变的准备。

6.3.3 一般情况下，由于单元式陶瓷薄板幕墙的特殊构造，单元板块上通常有工艺孔、通气孔和排水孔，分别用来紧固横向和竖向构件的连接螺钉和形成等压腔以及将少量渗水排出陶瓷薄板幕墙之外。设计通气孔和排水孔的目的是为了提高陶瓷薄板幕墙的水密性能，应采用防水透气材料封堵，保持通畅和通气，做到"防水不防气"；而工艺孔的存在可能会改变构件内腔的压力分布，带来反作用。所以，应予以封堵。

7 安装施工

7.1 粘贴工程

Ⅱ 施工准备

7.1.13 环境温度对施工质量有比较大的影响。温度过低，会导致胶粘剂固化的大幅延迟和胶粘剂强度提高的放缓，并造成终凝强度发生较大幅度的降低。温度过高，基层处理材料、胶粘剂和填缝剂中的水分会被快速蒸发流失，造成开裂，同样也会大大降低材料的粘结强度。故规定施工的高、低温度限制。

Ⅲ 施工

7.1.16 本条对薄法施工工艺作了详细的说明。其中"应采用齿形镘刀均匀梳理，使之均匀分布成清晰、饱满的连续条纹"可保证胶粘剂与基层充分粘结，厚度均匀，从而达到对饰面安装平整度的要求。

建筑陶瓷薄板尺寸较大，为了防止在施工中出现空鼓，要求施工时在建筑陶瓷薄板粘贴面满涂胶粘剂。

7.1.18 在墙面安装建筑陶瓷薄板时，因自重会产生竖向滑移。施工时应自下而上，并采用有效可靠的防护措施，待胶粘剂材料终凝后，方可拆除。

Ⅳ 安全规定

7.1.19 建筑陶瓷薄板切割会带来粉尘污染，切割过程中应用清水淋湿切口降温，以免造成建筑陶瓷薄板爆边，同时避免扬尘。

7.1.21　胶粘剂和填缝剂添加剂为高分子材料，对人体无害，但长期浸泡会对皮肤造成损害，应避免误入口眼。如有发生，可用大量清水及时冲洗。

7.2　陶瓷薄板幕墙工程

7.2.1　陶瓷薄板幕墙施工图中应明确规定陶瓷薄板幕墙构件和附件的材料品种、规格、色泽和性能。构件的尺寸、形状不满足设计要求时，会严重影响陶瓷薄板幕墙的安装质量，因此不合格的构件和附件不得使用。

7.2.2　陶瓷薄板幕墙的安装施工质量，是直接影响陶瓷薄板幕墙能否满足其建筑物理及其他性能要求的关键之一，同时陶瓷薄板幕墙安装施工又是多工种的联合施工，和其他分项工程施工难免有交叉和衔接的工序。因此，为了保证陶瓷薄板幕墙的安装施工质量，要求安装施工承包单位单独编制陶瓷薄板幕墙施工组织设计。

7.2.3　单元式幕墙的安装施工组织设计与构件式的有明显区别。本条主要是针对单元式陶瓷薄板幕墙的自身特点而重点强调的。

7.2.4　本条强调在进行测量放线时，应注意下列事项：

1　陶瓷薄板幕墙分格轴线、控制线的测量应与主体结构测量相配合，主体结构出现偏差时，陶瓷薄板幕墙分格线应根据主体结构偏差及时进行调整，不得积累。

2　通常单元式陶瓷薄板幕墙施工是在主体结构尚未完全完成时就已开始进行。因此，陶瓷薄板幕墙的施工单位应对单元式陶瓷薄板幕墙施工开始后进行的主体结构的垂直度和结构楼层的外轮廓位置进行监控，发现误差超过陶瓷薄板幕墙安装允许的范围时，应及时反映给总承包单位，以便于主体结构施工单位进行修改、调整。

3　定期对陶瓷薄板幕墙安装定位基准进行校核，以保证安装基准的正确性，避免因此产生的安装误差。

4　对高层建筑，风力大于4级时容易产生不安全或测量不准确问题。

7.2.5　安装过程的半成品容易被损坏和污染，应引起重视，并采取保护措施。

8　工程验收

8.1　粘贴工程

Ⅱ　主控项目

8.1.6　在建筑外墙粘贴陶瓷薄板，因其厚度薄、自重轻，对提高安全性有利，但是吸水率低却对提高安全性不利。为确保工程质量和安全，在外墙陶瓷薄板施工完成后，必须按现行行业标准《建筑工程饰面砖粘结强度检验标准》JGJ 110的有关规定进行检查,其取样数量、检验方法、检验结果判定均应符合国家现行有关标准的规定。

Ⅲ 一般项目

8.1.9 基层是否平整与最终面板的粘贴质量及材料用量紧密相关,必须在施工过程中严格控制。

8.2 陶瓷薄板幕墙工程

Ⅰ 一般规定

8.2.2 工程验收分为资料验收和工程现场验收。陶瓷薄板幕墙工程验收资料应符合现行有关国家标准、行业标准和工程所在地的地方标准的相关规定。现行国家标准《建筑装饰装修工程质量验收规范》GB 50210对幕墙工程的验收规定中,有关安全和功能的检测项目有幕墙的抗风压性能、气密性能、水密性能和平面内变形性能。近年来新制定的现行国家标准《建筑幕墙》GB/T 21086对幕墙的热工性能提出要求,现行国家标准《建筑节能工程施工质量验收规范》GB 50411中对幕墙节能工程上使用的保温隔热材料的热工性能进行了专门规定,有的省份还制定了地方的建筑节能施工质量验收规范或实施细则,这都要求幕墙工程设计、验收时贯彻执行。

本条列出了陶瓷薄板幕墙工程验收时,应提交的基本验收资料范围。对于具体的工程而言,除了设计文件和隐蔽工程验收记录必须提交之外,其他资料应根据工程实际涉及的部分,提交相应部分的验收资料。

8.2.3 陶瓷薄板幕墙施工完毕后,不少部位或节点已被装饰材料遮封隐蔽,在工程验收时无法观察和检测,但这些部位或节点的施工质量至关重要,必须在安装施工过程中完成隐蔽验收。工程验收时,应对隐蔽工程验收文件进行认真的审核与验收。

8.2.4 陶瓷薄板幕墙本身就具有装饰功能。凡是设置陶瓷薄板幕墙的建筑物,对于建筑外观质量都有比较高的要求。因此,陶瓷薄板幕墙外观质量检查应分为观感和抽样两部分。这样,既可观察陶瓷薄板幕墙的总体效果是否满足建筑设计要求,又可对施工质量进行具体评价。

检验批的划分应按现行国家标准《建筑装饰装修工程质量验收规范》GB 50210的有关规定并结合工程实际情况进行划分。

Ⅱ 主控项目

8.2.5 表8.2.5是按现行国家标准《建筑幕墙》GB/T 21086中人造板正面外观无缺陷允许值和人造板材幕墙每平方米外露表面质量的有关规定汇总制定的。

8.2.6 表8.2.6-1、表8.2.6-2在现行国家标准《建筑幕墙》GB/T 21086有关规定的基础上,根据工程经验,进行了补充。

Ⅲ 一般项目

8.2.7、8.2.8 本节提出了进行陶瓷薄板幕墙观感检验的一般要求。进行颜色均匀性检查时，与陶瓷薄板幕墙表面的距离不宜小于1m。

9 保养和维护

9.1 一般规定

9.1.2 随着我国幕墙行业的发展，各类幕墙新产品越来越多，结构形式越来越复杂，技术含量也越来越高。为使幕墙达到其设计寿命，合理使用和正确维护就必不可少。因此，幕墙承包单位应将《幕墙使用维护说明书》作为验收资料的组成部分向业主提供。对于有特殊功能要求的电动开启窗，应在开启窗附近的明显位置制作标贴指导使用。

9.1.5 在进行陶瓷薄板幕墙的清洗、保养和维护时，操作人员应按有关规定进行操作，维护保养设备应处于完好状态，防止出现人身和设备事故。

9.2 检查和维护

9.2.1～9.2.3 本节说明了陶瓷薄板幕墙日常维护和保养、定期检查和维护以及灾后检查和维修的工作内容及注意事项。

9.3 清洗

9.3.1 采用酸性洗液，将会对水泥基的填缝剂造成腐蚀破坏。

9.3.3 业主或物业管理部门，应对陶瓷薄板幕墙表面定期清洗，清洗液不得对面板和陶瓷薄板幕墙构件产生腐蚀。清洗过程中要注意安全，并不得撞击和损伤幕墙。